アジャイル開発の
プロジェクト
マネジメントと
品質マネジメント
58のQ&Aで学ぶ

居駒幹夫・梯　雅人 著

日科技連

まえがき

アジャイルソフトウェア開発手法（以下，アジャイル開発）は，特殊な要求[1]や環境に対応したソフトウェア開発手法ではなく，ごく普通のソフトウェア開発手法です．このことを明確にすることが本書の第一の目的です．

アジャイル開発が日本に紹介されてから20年近くが経過しました．「日本でも活用され始めてきた」と言われ始めてからでも，すでに長い期間を経ています．よく知られているように，日本でのアジャイル開発の普及率は米国や他の国に対して大きく遅れています．このような事態に至った理由の一つにアジャイル開発に対する大きな誤解があります．すなわちアジャイル開発は「試行錯誤をしなければならないような特殊なソフトウェアを開発するための手法」「開発中に要求が常に変化するようなソフトウェアに対する開発手法」と今でも日本では広く信じられています．一方，国外に目を向けるとアジャイル開発は，シリコンバレーの先端プログラムや巨大クラウド企業のサービスだけではなく，一般の企業の業務プログラムでもハードウェア製品に組み込まれるプログラムでも普通に使われているソフトウェア開発手法です．ソフトウェアに対する要求が十分に定義されていてウォーターフォール型でも開発可能なプロジェクトであっても当たり前のようにアジャイル開発が使われています．そうでなければ，米国におけるソフトウェア開発全体の過半数がアジャイル系のソフトウェア開発を採用しているという事実を説明できないことは容易に理解できるはずです．

アジャイル開発に関しては，すでに多くの良書が日本語でも発行されています．従来の書籍の多くは，実際にアジャイル開発を実行する，または実行しようとする人に向けて，アジャイル開発の特長およびプラクティスの実施ノウハウを記述しています．一方，本書はアジャイル開発の具体的な方法を解説した

---

1) 本書では「要件」という用語は使わず，「システム要求」「ソフトウェア要求」という用語を使います．

書籍ではありません．本書の読者はアジャイル開発の概要を知っていることを前提として，本書ではアジャイル開発を導入しようとする組織の観点で，組織とアジャイル開発のかかわり，プロジェクトマネジメント（特にソフトウェア品質マネジメント）に焦点を当てます．そして，アジャイル開発が，その本質的な部分において，信頼性を含めたソフトウェア品質を（従来の開発プロセスと同様に）マネジメント可能であることを理解してもらいます．さらに，これまで国内のソフトウェア開発組織が築き上げてきたソフトウェア開発における組織的な取組みが，アジャイル開発の場合はどのようになるのかを示し，今後の組織的なアジャイル開発の導入を容易にすることを目標としました．

　本書が想定する主な読者対象は，これからアジャイル開発を導入しようと考えている，企業・組織のマネージャーとプロジェクトマネージャー層です．これまでのアジャイル開発の情報は，開発者の立場からのメリットの説明が主で，副次的に品質も生産性も上がるという説明が少なくありませんでした．本書は，従来の書とは逆の立場をとります．すなわち，どのようにソフトウェアを開発するかを計画および決定，マネジメントする人の立場で，「組織的にどのようにソフトウェアを開発していこうか」という課題への解決の指針を示します．これらの立場での課題は，「実際に良いものができるのか」「どれだけ収益が見込めるのか」「実際にアジャイル開発でマネジメント可能なのか」ということでしょう．本書では，アジャイル開発はこれまでの開発に比べて，良い品質のソフトウェアをより少ないリスクで開発できる方法であることを中心に説明し，その結果として開発者のやる気を醸成し成長を促すことを示します．

　ただ，本書はこれまでのアジャイル開発の説明を否定するものではありません．よく聞くアジャイル開発の特長，「開発者がソフトウェア開発に専念できる」「ソフトウェア開発のステークホルダーと密接に連携できる」が，結果的にも成果物であるソフトウェアの品質やその開発マネジメントに大きく影響を与えます．しかし，アジャイル開発は，単に結果論ではなく，その開発手法自体において，品質や生産性やマネジメントのこともよく考えられた手法であるということを本書を通じてよく知っていただけることを筆者らは期待していま

す.

　本書は，以下2点の活用方法を想定しています.

　一点目はソフトウェア開発組織におけるアジャイル開発導入の手引としての活用です. ソフトウェア開発の現場にいる人が，経営者や上位マネージャーに対して，アジャイル開発がどのようなものかを知ってもらい，正確に判断してもらうときの道具として本書は活用できます. もちろん，経営者などの意思決定者が率先して本書を活用することもできます. 本書の多くの部分は，筆者らが，勤務先である（あった）日立製作所のソフトウェア開発部門でアジャイル開発を始めるときに，組織内の（意思決定主体である）マネジメント層に向けた説明のために策定した知識やノウハウがもとになっています. ある意味，「実績のある」方法であることを付け加えておきます.

　もう一点の活用方法は，ユーザー系の企業での活用です. 例えば，これまで，ソフトウェア開発そのものには積極的にかかわっていなかったユーザー系企業の組織における，変革の道具としての活用です. アジャイル開発では，ソフトウェアを活用する側とソフトウェアを開発する側が，一体化したり，密接に連携していくことが求められます. 現状，多くのユーザー系企業はソフトウェアを発注し，開発されたソフトウェアを利用する立場で開発には深くかかわっていません. アジャイル開発においては，従来の「要求定義と検収のみタッチ」という姿勢では，必ず失敗します. 今後のアジャイル開発において，ユーザー系企業と，IT系企業がどのように変革していくべきかを検討するときの手引として活用していただくことを期待しています.

　本書は，前述のとおり，筆者らの経験がもとになっていますが，それだけを書くのではなく，もう一つ踏み込んで，「今後はこのような取組みも必要だ」という，提案も多く入れることにしました. 単に現在先行している米国のやり方を真似するのではなく，今後は世界に先んじるソフトウェア開発方法を考えていかないといけないという考えからです.

　本書の記述内容の考え方や施策は日立製作所のサービス＆プラットフォームビジネスユニット横浜事業所の設計関連，サポート関連，品質保証，生産技術

等，多数の部門の取組みを参考にさせていただきました．特に品質保証部門の同僚には本書内容に関して貴重な意見を多数いただきました．日立関係者の皆様には，深く御礼を申し上げたいと思います．なお，本書において，記述の誤り等があるとしたら，すべて筆者らの責任であることを付記します．

　書籍化に際しては，日科技連出版社の編集者にスケジュールや内容の両面で筆者たちのわがままの多くを聞いていただきました．深く感謝を申し上げたいと思います．

　2020 年 2 月

居駒幹夫・梯雅人

アジャイル開発の
プロジェクトマネジメントと
品質マネジメント
目　次

■コラム

## 第1章

アジャイル開発とは何なのか？

　本書のテーマは，アジャイル開発とマネジメントの関係です．本章では，「アジャイル開発とは何なのか？」「何が本質的に従来の開発方法と異なるのか？」という最も基本的な問いに対して回答していきます．

Q & A

Q1　アジャイル開発はどのような開発手法か？

A1　アジャイル開発とは，「正しいと確認できるもの」を継続的に作り続けるソフトウェア開発手法です．

　本書を手に取った読者は，すでにさまざまなアジャイル開発の定義を目にしているでしょう．「ウォーターフォール型開発でないソフトウェア開発方法」「反復的にソフトウェアを開発する方法」「要求の変化に適応的に対応できるソフトウェア開発方法」「開発チームが自律的に組織化できるソフトウェア開発方法」といった定義はよく聞かれます．これらの定義はそのとおり，間違っていません．従来の説明方法は間違ってはいないものの，その説明の結果として，「品質よりもスピードを重視した開発方法」「アジャイルはいい加減な開発方法」「一部の特殊のソフトウェア向けの開発方法」といった感触をソフトウェア開発者やその関係者に与えてしまっています．これは，単にアジャイル開発が国内で浸透しないというレベルの問題ではなく，日本の将来のソフトウェア

産業の発展というレベルでの大きな誤解といえます.

　このため, 本書では, アジャイル開発を以下のように定義します.

■本書でのアジャイル開発の定義
　「正しいと確認できるもの」を継続的に作り続けるソフト
ウェア開発方法

　本書における「アジャイル開発」とは, 「アジャイルソフトウェア開発宣言[1]」の価値や原則にもとづき, 現在, 国内外で多くの実施例をもつスクラム[2]と eXtreme Programming(XP)[3] のプラクティスを組み合わせた開発方法とします.

　この定義に従い, 本書ではアジャイル開発でのソフトウェア開発手法の概要を, 他の開発方法と対比させながら説明していきます.

Q & A

Q2　アジャイル開発では中間工程で適時チェックをせずにどのように品質を確保するのか？

A2　アジャイル開発では, 品質を直接確認できないような中間成果物を極力排し, 短い期間ごとに最終成果物の一部(インクリメント)の品質を確認し続けることにより, ソフトウェア品質を確保します.

　アジャイル開発でのソフトウェア品質確保のより詳細な方法を従来のウォーターフォール型の開発と対比させて説明します. まず, 従来の開発モデルを図1.1 で説明します.

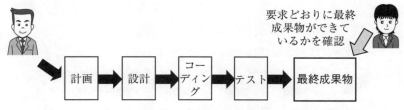

図 1.1　ウォーターフォール型開発でのソフトウェアの確認方法

ウォーターフォール型の開発の場合，「開発しているソフトウェアが結果的に本来の開発目的に合致しているかどうか」を中間工程の成果物では確認できません．例えば，データ構造や処理方式の設計，コーディング，テストという各工程の中間成果物では「作っているソフトウェアが最終的に正しいかどうか」を直接確認できないのです．確認できないという理由のために，その中間工程がしっかり行われているかの検証（Verification）を重視します．これは，各工程で「やっていることの正しさ（Verification）」を「できるはずのものの正しさ」に代用しようという考え方です．このため，中間工程でも取得可能なバグ数とか，実施施策の十分度といった代用特性を使って，最終的に開発されるソフトウェアの品質や，プロジェクトの進捗を間接的に評価しながら開発を進めます（詳細は，p.6 のコラムや Q25 を参照）．「実際にできたものが，本来の開発目的に合致しているか否か」を確認できるのは，テスト工程の終盤か妥当性確認（Validation）とよばれる開発プロセスの最終工程まで待たされます．

　一方，アジャイル開発は，開発の最終段階だけでなく，開発を始めてから数週間から 1 カ月という時点から，繰り返し「ソフトウェアが正しいかどうか」を確認しながら開発を進める開発手法（**図 1.2**）です．実は，アジャイル開発の最も大きな特徴は反復開発を行うということではありません．アジャイル開発の本質は，反復開発の成果物（インクリメントとよばれる）が「常にリリース可能な品質を保つ」ことを求めることにあります．アジャイル開発における反復（スプリント，イテレーション）とは，単に機能の作り込みを反復的に行うということだけではなく，インクリメントが正しいことを確認しながら開発を続け

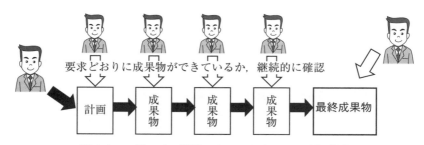

要求どおりに成果物ができているか，継続的に確認

計画 → 成果物 → 成果物 → 成果物 → 最終成果物

図1.2　アジャイル開発でのソフトウェアの確認方法

ることをいいます．確認の結果，インクリメントが本来の開発目的と異なっている場合，ウォーターフォール型の開発よりも早い時点でその誤りが是正可能になります．

　ここで，アジャイル開発における「誤り」とは，コーディングレベルの誤りだけではありません．仕様レベルの誤りも含まれます．このことから，アジャイル開発は，「仕様がなかなか固まらない開発方法」と誤解される場合もあります．しかし，反復ごとに大きな仕様レベルでの問題を是正するような開発は，アジャイル開発の本来の姿ではありません．反復ごとにその成果物が正しいことを確認し，万一，開発の終盤で発覚したら取り返しがつかないような仕様自体の課題にも開発の前半で対応することもできるというのが，アジャイル開発の特徴です．

Q & A

Q3　**反復的にソフトウェアを開発することがアジャイル開発か？**

A3　違います．アジャイル開発の最も大きな特徴は反復開発を行うということではありません．アジャイル開発でない反復開発も数多く存在します．

● 従来反復開発の課題：低品質なものを作り続けて失敗

● アジャイル開発の本質：高品質成果物を積み重ねていくイメージ

図1.3　従来の反復型開発の失敗事例とアジャイル開発

　アジャイル開発だけがソフトウェアの反復開発ではなく，実際にはアジャイル開発が提唱される前から多くの反復的に開発するソフトウェア開発手法がありました．アジャイル開発以前の反復開発での失敗と，アジャイル開発がめざしている高品質開発方法の比較を**図1.3**で説明します．

　1990年代に一時流行したRAD(Rapid Application Design)とよばれた試みは，GUI系のプログラムのプロトタイプを早期に開発し，反復的にプロトタイピングを実施して最終成果物を反復的に導出する開発プロセスでした．このような反復開発では，初期に開発するものは，何かを評価するための仮の成果物であり，その後の工程での成果物もあくまで中間成果物でした．この場合，信頼性を含む品質は保証されておらず，多くの場合で品質向上作業が後回しにされてしまいました．さらに，「最終的にどのような方法で，そのソフトウェ

アに求められる各種の要求を実現するのか」が不明確であり，結果として不満足な最終成果物になって失敗するプロジェクトが少なからず発生しました．今現在でも，「アジャイル開発がプロトタイピングの繰返しでダメだ」と思っている人の多くは，この手法を適用して失敗した人であろうと想像します．アジャイル開発以外の反復型開発については，Q38 も参照してください．

　一方，アジャイル開発ではこのような中間的な工程，中間的な成果物は原則として設けません．先に述べたとおり，一定期間ごとに成果物としてのソフトウェアは動作可能なものです．さらに，その反復単位で作り込んだ部分だけでなく，開発しているソフトウェア全体も正しく動くことを固定期間で反復的に確認します．アジャイル開発における反復とは単に機能の作り込みを反復的に行うことだけではなく，定期的に作り込まれた機能を含めた全部の成果物が正しいことを反復ごとに確認しながら開発を続けることをいいます．すなわち，1 週間〜1 カ月といった短い固定期間の反復で常に高品質の成果物を積み重ね，それを開発期間中に継続して確認していくソフトウェア開発方法がアジャイル開発なのです．

V&V の観点から見たアジャイル開発の品質マネジメント

　品質観点でのアジャイル開発の本質は，各反復単位で開発するソフトウェアを使う立場のステークホルダー（の代表であるプロダクトオーナー）が，各反復の終了時に，「それは良い」といえるような成果物（インクリメント）を作り続けることです．ある反復の成果物のうち，内部ドキュメント，ソースコードとか，内部工程のデータ，1KLOC 当たりのテスト項目数，摘出バグ数，仕様書の作成ページ数などはソフトウェアを使用する立場から見て良いか悪いのか判断ができません．このようなものはアジャイル開発の品質マネジメントには原則的に不要です．一方，動くソフトウェアや，機能のリリースに関する今後のスケジュール，今後開発予定の

ユーザーストーリーといったものは，そのソフトウェアを使用する立場，そのソフトウェアを運用する立場，将来的にどのようにそのソフトウェアを位置づけるかという企画の立場でも，そのそれぞれについて，Yes または No をいえます．一つひとつの反復の後にステークホルダー全員がそれらの項目の良し悪しを判断し，開発しているソフトウェアがより高品質なものになっていることを確認し続けることが，アジャイル開発の基本的な品質マネジメント方法です．

　この原則でウォーターフォール型開発とアジャイル開発手法を比較してみたのが，**図1.4** です．

　ウォーターフォール型開発の場合，開発当初に定義された要求を起点に，設計，コーディング，各テスト工程のように中間成果物を出力するような工程を重ねていきます．これらの工程の成果物は中間成果物であり，基本的には「各工程が正しく実行されたか」という検証(Verification)の手段でチェックしたうえで，開発の最後に最終成果物に対して妥当性の確認(Validation)を行います．すなわち，利用者品質との比較は最初の要求定義時と最後の妥当性確認のところで確認できますが，全体的には「各工程

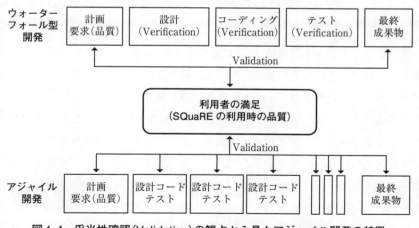

図1.4　妥当性確認(Validation)の観点から見たアジャイル開発の特徴

が正しく行われているか」を検証することが主体の品質保証プロセスになっています．一方，アジャイル開発では，顧客の代表であるプロダクトオーナーを通じて，各反復の成果物が利用者品質の観点から妥当性確認されます．この結果，修正が必要であれば，機能適合性，使用性といった製品外部品質特性のレベルでの改善も行われます．もちろん，反復の内部ではレビュー等の検証が行われますが，プロセス全体としては妥当性確認が主体の品質保証プロセスといえるでしょう．

Q & A

Q4　アジャイル開発はソフトウェア要求が固まらない小規模ソフトウェア開発向けなのでは？

A4　一言で答えれば「No」です．もちろん，ソフトウェア要求（要件）が定まらないようなソフトウェア開発も，アジャイル開発で開発可能ですが，そのようなソフトウェアだけしか開発できないということはありません．

　実際のソフトウェア開発には，（比較的小さな）要求に対して，俊敏に応えるやり方だけでなく，大きな要求に対して，綿密に計画を立て，要求に対応したソフトウェアを積み上げていくというやり方もあります．

　そのような，従来ウォーターフォール型の開発を使っていたようなソフトウェア開発であっても，アジャイル開発は適用可能です．アジャイル開発では，必要に応じて作り直しをすることがあるのは事実です．しかし，多くの場合は，機能を順々に積み上げているいわゆる漸増型（インクリメンタル）開発であり，計画的にソフトウェアを開発する用途にも適用可能です．

　ただ，「公共系や金融系などの業務システムで，数年に一度更新されるよう

な超大規模のソフトウェア開発プロジェクトをアジャイル開発だけでカバーできるのか？」と問われれば，Yes とはいえません．「では答は No か？」といえばそうでもなく，「アジャイル開発を使用して，"数年に一度更新されるような超大規模のソフトウェア開発"というようなプロジェクトを止めましょう」というのが答になります．以下，日本での多くの大規模ソフトウェア開発プロジェクトの実態と改善案を見ていきましょう．

　まず，現在の業務系大規模ソフトウェア開発プロジェクトの多くがどのように実施されているかを振り返ってみましょう．大きな業務システムが数年に一回刷新して，その度に対応してソフトウェア開発を大規模なプロジェクトとして行うような場合が少なくありません．それらのソフトウェア開発は，その時点のユーザー要求にもとづき，必要なソフトウェア要求の実現を目標にビッグプロジェクトとして実行されています（**図 1.5**）．

　一方，アジャイル開発がそもそもめざしているソフトウェア開発は，上記のように，ある期間を置いて，それまでに溜まったソフトウェアに対する改善や，機能追加の要求をバッチ的に解決するためのプロジェクトではありません．継続的に必要な機能を適時に追加していくような組織で長期的に存続する業務機能としてのソフトウェア開発です（**図 1.6**）．

　アジャイル開発は，ソフトウェア開発プロジェクトの手段として用いられることもありますが，「プロジェクト的に実行」されることが前提条件ではありません．ここで，「プロジェクト的な実行」とは，開始点，終了点があり，あ

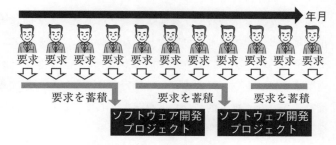

図 1.5　プロジェクト型のソフトウェア開発のイメージ

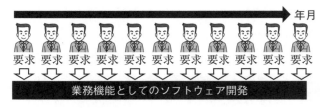

図1.6　長期的に存続する業務機能としてのアジャイル開発のイメージ

る一回限りの特定目的を達成するためにマネジメントが必要なものを指します．すなわち，一定期間蓄積された大量の要求をバッチ的に大規模なプロジェクトで実現するというような用途にアジャイル開発は向いていません．しかし，従来プロジェクトとして実行していたソフトウェア開発を業務機能としてソフトウェア開発をすることによりアジャイル開発を採用することは可能です．

　本来，ステークホルダーからの要求は，何かの機会にまとまって発生するものではなく，定常的に（ランダムに）発生するものでしょう．この要求に対して，できるだけ俊敏に（アジャイルに）ソフトウェアを開発してステークホルダーの不満足な状態をできるだけ短くするというのが，アジャイル開発でいう「アジャイル」という意味なのです．

　このように考えると，アジャイル開発に対してよくいわれる「要求が不確定なプロジェクト向けのソフトウェア開発方法」という評価は正しくないことがよくわかります．確かに，プロジェクト型のソフトウェア開発であってもアジャイル開発は適用できます．そういうときに，一回，要求定義した後に発生するユーザー要求へ対応することを，ソフトウェアを開発側から見て「要求が不確定」とみなすことは可能でしょう．しかし，本来のアジャイル開発には，そもそも，バッチ的にそれまで溜まったステークホルダーからの要求をシステム要求やソフトウェア要求として確定させるという工程はありません．要求を溜めることなく継続的にソフトウェアとして実装し，継続的に提供していく開発手法がアジャイル開発なのです．

　歴史的に見ると，過去のソフトウェア開発は，一部の職種の特殊技能として，

比較的少数だった専門家に委託して開発するプロジェクト型の開発が主流でした．また，ソフトウェアの守備範囲も，産業分野で共通的な処理をもつバックエンド業務を（人間よりも）効率的にするという情報システムが多く，要求を蓄積して専門家が処理するというやり方が最適だった時代もあります．しかし現在では，ソフトウェア開発の技術者も増加し，開発環境はコモディティ化し，開発ツールもオープンソースのものがほとんどになっています．求められるソフトウェアも，業務のバックエンドではなく，業務自体がソフトウェアを前提にしており，要求への即時の対応が求められる場合も少なくありません．このような時代では，プロジェクトとして外部にソフトウェア開発委託をするような開発プロセスではなく，ソフトウェアを使用するビジネスの近くで，必要に応じてソフトウェアを俊敏に開発してそのビジネスに貢献するほうが，会社組織として効果的であるし，効率的にもなっています．そのような背景があって，米国では，アジャイル開発が普及してきたのです．

Q & A

Q5 なぜアジャイル開発を採用するとソフトウェア開発に専念できるのか？

A5 ソフトウェア開発者がソフトウェア開発に専念できるように，アジャイル開発のチームのなかに，それ専用の役割を負う人がアサインされているからです．

　本項では，まず「従来の開発プロセスでなぜ開発に専念できないか」を説明します．続いてアジャイル開発特有の体制，特にプロダクトオーナーおよびスクラムマスターを導入することによりどうして開発者が開発に専念できるようになるのかを説明します．アジャイル開発で「これらのしかけがなぜ導入されたか」の経緯は，付録に詳細を書いていますので，興味のある方はこちらも参照してください．

(1)　開発に専念できない従来の問題・課題

　どのようなソフトウェア開発方法であれ，開発を担うチームがソフトウェア開発に専念できる体制や環境であることが良いことには変わりません．従来のソフトウェア開発では，ソフトウェア開発用の体制といいながらも，開発に専念できない課題が大きく 2 つありました．

■課題 1 ：多様なステークホルダー要求への対応

　一つ目の課題は，開発するソフトウェアにかかわる多様なステークホルダーからの要求への対応です．ソフトウェアの場合，開発チーム以外の多くのステークホルダーがいます．実際にそのソフトウェア開発を決める人だけでなく，実際に使うエンドユーザー，運用する部署，サポートする部署，一部を開発するパートナー企業など，さまざまなステークホルダーがソフトウェア開発に関係しています．また，これらのステークホルダーは，それぞれ異なる思いで，開発するソフトウェアにそれぞれ違った期待をもつことが普通でしょう．このとき，ソフトウェア開発プロジェクトとして，これらのさまざまな要求を調整するかが大きな課題になります．このステークホルダーマネジメントをプロジェクトマネージャーが行う場合，プロジェクトマネージャーに大きな負荷がかかり，開発プロジェクトそのもののマネジメントがおろそかになるような問題もありました．また，（特に米国では）プロダクトマネージャーという職種の人間を配置し，対外的なステークホルダーを調整する場合もあります．この場合，プロダクトマネージャーは，開発とは関係のない製品企画の担当のことが多く，プロジェクトの開始時にステークホルダー間の要求をまとめることができても，ソフトウェア開発そのものにはノータッチのことが少なくありません．結果として，ステークホルダーの多様な要求に対応できないソフトウェアが開発されてしまうことも少なからずありました．

■課題 2 ：ソフトウェア開発組織との関係

　二つ目の課題は，開発するチームが所属する組織との関係です．ソフトウェ

ア開発組織には，組織としての従来のソフトウェア開発方法があり，それに沿って組織体制も整備されている場合が多いでしょう．例えば，従来のウォーターフォール型の開発プロセスに対応したルールがあったり，部・課といった組織があったり，工程に対応したイベントがあったりするでしょう．これらの体制やルールは，もともとソフトウェア開発を含む業務全体をより良くするために設けられたもののはずです．しかし，多くの組織やルール，イベントは，変化の速いソフトウェア開発に最適なものとはなっていない場合も多く，結果として，ソフトウェア開発チームが，ソフトウェア開発に専念できないという問題が発生しています．さらに，アジャイル開発のように，従来のソフトウェア開発方法と異なる開発プロセスを導入しようとすると大きな課題になります．

(2) アジャイル開発での開発体制

この2つの課題に対応するため，アジャイル開発では**図1.7**に示すような体制を採用し，開発を担うチームがソフトウェア開発に専念できるようにしています．

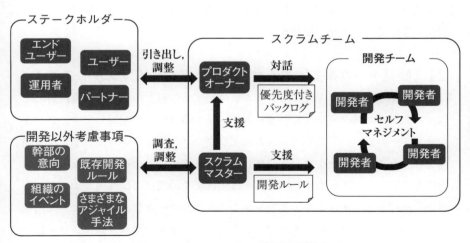

図1.7 アジャイル開発の開発体制概略

ソフトウェア開発に専念可能という観点でのアジャイル開発の特徴は，以下の3点です．

1）　プロダクトオーナーを開発側の体制として導入

　まず，第一の課題であったさまざまなステークホルダー対応に対しては，プロダクトオーナーを開発側に位置するスクラムチームに配置します．スクラムチームのなかでのプロダクトオーナーの位置づけは，開発するソフトウェアの結果に対して責任を負う（一人の）人間です．プロダクトオーナーは，開発外のステークホルダーのさまざまな要求を引き出したり，調整したりします．従来のプロダクトマネージャーが，開発体制の外側に位置していたのに対して，プロダクトオーナーは，開発側の一員という位置づけになります．ソフトウェア開発に継続的に関与し，「短い反復期間ごとに，優先度の高いプロダクトバックログを次の反復で開発するかどうか」を決めるだけでなく，その結果の良否を判断することもプロダクトオーナーの重要なタスクです．

　開発チーム側から見ると，さまざまなステークホルダーをそれぞれ意識することなく，プロダクトオーナーとのインタラクションで，開発すべきソフトウェアや，その機能要求，非機能要求が理解できるようになり，ソフトウェア開発に専念できるようになります．

2）　開発チームを支援する立場であるスクラムマスターの導入

　第二の課題である，開発するチームと所属する組織との関係の調整に対しては，スクラムマスターを「開発チームを支援する立場」で配置します．スクラムマスターの職務は，開発者チームおよびプロダクトオーナーがアジャイル開発を行うために必要な支援全体であり，スクラムチーム全体がアジャイル開発を円滑に実行できるために必要なことはすべてその業務の範囲内です．そのなかで，組織と開発チーム間の調整をスクラムマスターが負うことにより，開発チームができるだけ開発に専念できるようになります．スクラムマスターはアジャイル開発を円滑に実行するためには（いろいろしがらみのある）組織のなか

で開発チームのメンバーがソフトウェア開発に専念できるような環境を作り上げ，その環境にメンバーがフィットすることをサポートするのが主たる役割となります．

　スクラムマスターは，開発チームをマネジメントしたりコントロールしたりするのがその役割ではありません．むしろ，そういう責任から一歩引いたところで，スクラムチーム全体がソフトウェア開発に専念できるようにファシリテートするのがその役割になります．

３）　開発者によるセルフマネジメント

　スクラムチームは，３つの役割，プロダクトオーナー，スクラムマスターと開発者（とその集まりである開発チーム）からなります．そこには，従来のプロジェクトマネージャーのような役割はありません．スクラムマスターは，前項で説明したとおり，スクラムチームを機能させるための役割であり，開発チームを管理したり，リードしたりするようなことはその職務にはありません．では，アジャイル開発でどのようにプロジェクトをマネジメントするのでしょうか．

　まず，アジャイル開発は，固定期間，固定プロセスの反復を繰り返し実行するソフトウェア開発方法であり，従来のソフトウェア開発方法に比べて自由に開発期間などを設定できません．マネージャーとしての裁量の幅が狭い開発プロセスといえます．さらに，スクラムチーム自体の規模も比較的小規模であり，そのなかで，プロダクトオーナー，スクラムマスターが従来のプロジェクトマネージャーが負っていた責務を（開発以外の部分について）代行します．アジャイル開発では開発におけるプロジェクトマネージャーの責務は個人が負うよりも開発者全員が分担して責任を負うような方式のほうがよいと考えます．このため，アジャイル開発ではスクラムチームのなかにプロジェクトマネージャーに相当するような役割はなく，開発におけるマネジメントは複数の開発者による自律的なマネジメント（セルフマネジメント）として行われます．

Q & A

Q6 アジャイル開発の原則は簡単に実行可能なのか？

A6 アジャイル開発の原則は多くの場合実行可能ですが，簡単に実行できるということはありません．

　本書でのアジャイル開発の定義である「“正しいと確認できるもの”を継続的に作り続けるソフトウェア開発方法」についてＱ１～Ｑ４で説明しました．ここまで読まれた読者の多くは，「原則はそうかもしれないが，本当に実行可能だろうか？」という感想をもっているかもしれません．その感想は間違っていません．現実のソフトウェア開発におけるアジャイル開発は，開発するソフトウェアによる制約やステークホルダーの要求によって，開発プロセスも大きく変わってきます．また，場合によってはアジャイル開発の原則を多少カスタマイズする場合もあるでしょう．

　このような原則からの(過度にならない)乖離は，アジャイル開発だけでなく，従来のウォーターフォール型の開発でも他の開発プロセスモデルを適用したときでも同じです．そもそも，ソフトウェアの開発プロセスモデルというのは，あくまで「モデル」であって，実際のソフトウェア開発方法そのものではなく，それのひな型の位置づけです．ウォーターフォール型のソフトウェア開発を考えた場合，典型的なモデルによるスケジュール図(アローダイヤグラム)は図1.8のようになります．しかし，実際にこの図そのもののような計画を立てているソフトウェア開発プロジェクトを筆者は見たことがありません．

　実際には，そのプロジェクトのステークホルダーがもっている思惑やプロジェクト実行制御時の問題などに対応して，「工程の後戻りはしない」というウォーターフォール的な原則が守られない場合も多いことは，多くの読者が体験しているとおりです．このことは，他のプロセスモデル，もちろんアジャイ

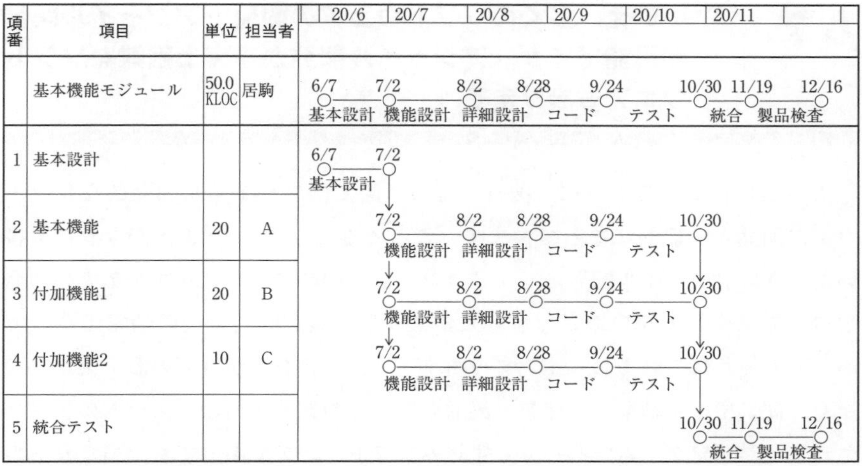

項番	項目	単位	担当者	20/6	20/7	20/8	20/9	20/10	20/11	
	基本機能モジュール	50.0 KLOC	居駒	6/7 基本設計	7/2 機能設計	8/2 詳細設計　8/28 コード	9/24 テスト	10/30 統合　11/19 製品検査		12/16
1	基本設計			6/7 基本設計	7/2					
2	基本機能	20	A		7/2 機能設計	8/2 詳細設計　8/28 コード	9/24 テスト	10/30		
3	付加機能1	20	B		7/2 機能設計	8/2 詳細設計　8/28 コード	9/24 テスト	10/30		
4	付加機能2	10	C		7/2 機能設計	8/2 詳細設計　8/28 コード	9/24 テスト	10/30		
5	統合テスト							10/30 統合　11/19 製品検査		12/16

図 1.8　理想的かつ非現実的なウォーターフォール型の開発スケジュール（例）

ル開発においても同様です．実際のアジャイル開発の現場では，本書がこの先に説明していくようにアジャイル開発の原則から外れるような施策やノウハウも少なくありません．しかし，ウォーターフォール型のソフトウェア開発をする人がウォーターフォール型開発の原則を理解したうえで応用動作をするのと同様に，アジャイル開発においても，まずはその原則をよく理解したうえで，実際のソフトウェア開発の実情に照らしてそのソフトウェアやソフトウェア開発組織に最適なプロセスになるように応用動作することが重要なのです．具体的にどのような応用動作をするかは第 4 章，第 5 章の各 Q&A を参考にしてください．

Q & A

Q7　どのようなソフトウェアでもアジャイル開発は可能か？

A7　いいえ．多くのソフトウェアの開発でアジャイル開発が可能ですが，アジャイル開発が事実上困難なソフトウェアもあります．

　よく知られているように，国外，特に米国ではアジャイル開発的なソフトウェア開発が一般的になっています．ここで重要なのは，「まえがき」にも書いたようにアジャイル開発は「シリコンバレーのスタートアップ企業での開発手法」では決してないことです．大企業でも社員 200 名以下の通常の企業であっても使われているし，インターネットビジネスを手がけている企業だけでなく，従来型の金融業，製造業，流通業などでの業務用情報システムのアプリケーションプログラムであっても組込みソフトウェアであっても，当たり前のように使われているソフトウェア開発手法です．したがって，アジャイル開発で開発するソフトウェアはあらゆる種類のソフトウェアをカバーしているといっても過言ではありません．

　一方，「アジャイル開発のプラクティスを適用することは可能」であるが，「アジャイル開発に向いていないソフトウェア」というものは依然としてあります．以下，アジャイル開発を採用するための条件と，条件を満たさないときの問題および解決方法を説明します．

　アジャイル開発を採用したときには，反復ごとに顧客にとって良し悪しを判断できる（＝ Validation できる）成果物ができることが前提であるうえに，各反復の成果物の品質は開発部分だけでなく，母体部分も含めてリリース可能なものでなければなりません．しかし，現実にはこの原則を守ることができない，すなわちアジャイル開発に向いていないソフトウェアは少なくありません．

　基本的にアジャイル開発が適用可能なソフトウェアは，アーキテクチャーレベルで凝集度が高く局所的な改造で簡易に機能追加できる保守性の良いソフトウェアである必要があります．さらに，テストは確認も含めて全自動化されており，開発部分以外の品質も容易に保証できることも重要です．ここで，大きな問題は，このような条件を満足していなくてもアジャイル開発は始めること

ができるうえに，アジャイル開発のプラクティスも実行できてしまうことです．

その場合，開発者の士気も高く，最初の数回の反復はうまくいっているように見えるケースが出てきます．しかし，反復を重ねるごとに，本来の顧客の目標に沿った機能開発およびテストの両面で効率が下がっていき，開発チームのベロシティも下がっていきます．例えば，それまでウォーターフォール型開発を続けてきたソフトウェアの多くは自動化テストが整備されておらず，機能開発時に大きなテスト労力を要するものも少なくありません．反復を繰り返すたびに，開発部分や母体部分のテストの労力が増大し，効率が下がったり，品質が落ちたりしていきます．このようなソフトウェアについては，たとえアジャイル開発の各プラクティスが実行可能であったとしても，アジャイル開発を採用することによって大きなリスクをとることをよく理解したほうがよいでしょう．アジャイル開発における保守性の課題や対策については，Q23 を参照してください．

では，機能開発やテストに長い期間を要するソフトウェアの開発プロジェクトはウォーターフォール型開発を採用するしかないのでしょうか．答えは否です．そのようなプロジェクトに対しては，アジャイル開発ではなく，中間工程を許容するようなラショナル統一プロセス(RUP)などの反復開発を採用するべきでしょう．RUP の場合，「エラボレーション(推敲)フェーズまでに，アーキテクチャーや，自動テストの課題を解消し，その後にコンストラクション(作成)フェーズから，アジャイル開発の有益なプラクティスを実行する」という方法をお勧めします．RUP などのアジャイル開発以外の反復開発は，Q33 や第5章の他の Q&A を参考にしてください．

世の中にはウォーターフォール型の開発やアジャイル開発以外の良い開発プロセスもあります．これらも含めて，自分のプロジェクトに合った開発プロセスモデルを選びそれに対してさらに自分のプロジェクトの特性に合ったカスタマイズを加えるのがよいでしょう．

Q & A

Q8　アジャイル開発はソフトウェア開発における銀の弾丸か？

A8　いいえ．アジャイル開発は，それを採用しただけですべてのソフトウェア開発の課題を解決する手法，いわゆる「銀の弾丸」ではありません．

　ここまでのアジャイル開発の説明を読み，「アジャイル開発は非常に良さそう」「適用して効果が上がりそう」と考えた読者もいるかもしれません．残念ながら，アジャイル開発とて，それを採用しただけですべてのソフトウェア開発の課題を解決する手法ではありません．アジャイル開発で品質の良いソフトウェアを開発するためには，これまでのウォーターフォール型の開発と同様にさまざまな開発プロセスの工夫，ノウハウ，応用動作があります．ところが，それらはウォーターフォール型開発における具体的な品質向上施策とは異なります．これまでの品質向上施策をそのままアジャイル開発にも流用するのではなく，アジャイル開発にはアジャイル開発に有効な品質向上施策を採用する必要があるのです．さらに言えば，一つひとつのソフトウェア開発に対応しても，採用するべき施策や，カスタマイズの仕方，リスクへの配慮などが違ってきます．「それぞれの開発プロセスに対応してどのように個別の品質向上施策を採用するか」が今後のソフトウェア開発の品質向上施策の鍵になるといってよいでしょう．

　第2章以降では，「アジャイル開発において具体的にどのような品質向上施策があり，アジャイル開発を実行しようとするソフトウェア開発者はどのように考えてそれらを取捨選択，カスタマイズしていくべきか」を説明していきます．

Q & A

Q9 アジャイル開発でドキュメントを作成するべきか？

A9 開発するソフトウェアにとって必要なドキュメントは躊躇なく執筆すべきですが，無駄なドキュメントは書かないようにしましょう．

　アジャイル開発を「どのようなソフトウェアでも適用可能な開発プロセス」といった場合，従来の開発プロセスに慣れている人が一番気になるのは，ドキュメントではないでしょうか．一般的に，「アジャイル開発ではドキュメントは書かない」と思われている場合も多く，この思い込みがアジャイル開発採用の大きな障壁になっています．

　本項では，まずアジャイル開発とドキュメントの関係を説明します．続いて，アジャイル開発でも作成すべきドキュメントとそうでないドキュメントの考え方を示し，作成する場合には，どのような形式で執筆し，どのように管理すべきかを説明します．

(1)　アジャイル開発とドキュメントの関係

　開発するソフトウェアのライフサイクルで使われ続けるドキュメントは，開発プロセスよりも，高い次元で「このようなドキュメントは作成が必要・不要」という判断が必要です．例えば，ウォーターフォール型の開発プロセスの説明に，「ソフトウェアの保守ドキュメントをこの工程で書きなさい」というような説明はないでしょう．開発プロセスの説明としてなくても必要なドキュメントがあれば，作成の工程やタスクを設定して書いているはずです．一方，アジャイル開発を採用すると，「アジャイル」という語感，または，アジャイル開発のプロセスに「保守ドキュメント」という項目がないことによって「ア

ジャイル開発では保守ドキュメントを書かない」という誤解が蔓延しています．長いライフサイクルをもつソフトウェアの開発に際して「保守ドキュメントを記述するか否か」という判断は，開発プロセスの種類とは独立です．したがって，アジャイル開発を採用した場合でも全く同様で，必要なドキュメントを作成しなければなりません．よく聞く「アジャイル開発の短い反復期間では，ドキュメント執筆ができない」という文のなかの「ドキュメント」が，そもそも作成・保守が必要なものである場合，「ドキュメントを執筆しない」が正解ではなく，「（純粋な）アジャイル開発を採用するべきでない」が正解となります．

　一方，ソフトウェア開発で作成しているドキュメントのなかには，「開発プロセスに依存しないドキュメント」と，「開発プロセスに依存するドキュメント」があります．先に例に挙げた保守ドキュメントは前者の例ですが，後者のドキュメントを作成するか，作成しないかというのは，採用する開発プロセスに依存した精査や判断が必要でしょう．例えば，ウォーターフォール型の開発では，中間工程を積み重ね，リレー形式で工程ごとに違うメンバーが開発しています．このようなときに，何カ月後に，発注先の他組織の誰かが実装するために必要になるようなドキュメントを書くようなことがあります．このような，「ウォーターフォール型の開発だから必要なドキュメント」は，アジャイル開発では一切作成不要です．今時点で，ウォーターフォール型開発のように中間工程を重ねて開発しているソフトウェアをアジャイル開発に移行する際には，「今まで作成していたドキュメントは，何のために作成していたのか」をよく精査し，アジャイル開発での開発作業や保守作業に必要なものに厳選する必要があります．

(2)　アジャイル開発でも作成が必要なドキュメント

　アジャイル開発でドキュメントは決して否定されていません．「アジャイルソフトウェア開発宣言」[1]では，その価値の一つとして「包括的なドキュメントよりも動くソフトウェア」と書かれていますが，その意図は，「包括的なドキュメントに価値がある」ことを認めながらも，「動くソフトウェアにより価

値を置く」ということです．包括的なドキュメントを作成する必要はないとは
書かれていません．

　では，どのようなドキュメントを作成すべきなのでしょうか．アジャイル開
発は軽量プロセスの一つであり，できるだけ無駄な作業は行わずに俊敏に開発
することが目標です．ドキュメントというと「無駄な作業」の一つだと思われ
がちですが，ソフトウェア開発のための前提条件になるようなドキュメントや，
作成することによってアジャイルに開発可能になるようなドキュメントもあり
ます．このようなドキュメントはためらわずに作成・保守すべきだと考えます．

　アジャイル開発採用時でも，作成すべきドキュメントは大きく以下の3種類
に分類できます．以下，簡単に説明を加えます．

1) 契約やコンプライアンスなどで作成が義務づけられているドキュメント

　まず，契約や関連する法令などで作成することが決められているドキュメン
トは，当然のことながら作成が必要です．アジャイル開発は，あくまでソフト
ウェア開発の道具であり，ビジネス上の契約や法令を否定するものではありま
せん．具体的には，顧客への納入物の構成を示したものや，成果物の説明書，
マニュアルの類，機能安全の認証機関への提出ドキュメント等です．ただ，契
約や自社内の規則で作成が求められているドキュメントのうち，その有効性や
アジャイル開発との相性も考えて不要と判断されるようなドキュメントについ
ては，契約交渉や，規則の運用部署との交渉により，できるだけ作成の対象に
しないようにするべきです．そのときに，そのドキュメントの利害関係者に対
して「アジャイル開発では作成しないので」という説明ではなく，「そのド
キュメントを作成しないことで，より良いソフトウェアが開発できる」という
理屈が説明できるとよいでしょう．

2）　そのソフトウェアのライフサイクルで品質や生産性の向上につながるドキュメント

　作成保守したい第二のドキュメントは，アジャイル開発を使ってソフトウェアを開発するために役に立つものです．具体的には，ある開発プロジェクトで品質や生産性の向上につながるドキュメントおよび，ライフサイクル全体で保守性の向上につながるドキュメントです．これらのドキュメントは，アジャイル開発であっても，ぜひ作成をお勧めします．このカテゴリで作成するドキュメントは，ソフトウェアの特性およびソフトウェア開発チームやそれを取り巻

表1.1　ライフサイクルで活用したいアジャイル開発ドキュメント(例)

#	ドキュメント種類	説明
1	開発構想書 (Vision Document)	開発するソフトウェアが，どのような現状の問題を解決するか．その解決の方法の概略．開発するソフトウェアの存在理由，またはそのプロジェクトで開発する機能の存在理由などを記述[3]．＃2のプロジェクト憲章と同一のドキュメントでも可．
2	プロジェクト憲章 (Project Charter)	プロジェクトの存在意義を示すドキュメント．プロジェクトの終わりまで変わらない基本的な事項や，何かに迷ったときに立ち返るために必要な情報を記述．アジャイル開発では，インセプションデッキというフォーマットが有名[4]．
3	アーキテクチャー 設計書[5]	開発するソフトウェアの設計や拡張の指針となる原則がわかるドキュメント．開発するソフトウェア全体の設計思想，使用するアーキテクチャーパターン，機能を追加するときの方針等を記述．
4	CRUD	「ソフトウェア全体が共有するリソースを，どの部分が，作成(Create)，参照(Read)，更新(Update)，削除(Delete)するのか」を表形式でまとめたドキュメント．
5	ハイレベル ユースケース	ユーザー業務の課題と，それがソフトウェアによってどのように解決されるのかを示すユースケース．プロダクトバックログで代用できるものは，統合するほうがベター．プロダクトバックログからリンクされたリッチピクチャのような形式で記述．

く環境によって決めるべきです．一般的に書いたほうがよいと思われるドキュメントの例を表1.1に紹介しました．これらのドキュメントは開発するソフトウェアを熟知したプロダクトオーナーまたは開発者が作成するとよいでしょう．

3）　アジャイル開発の反復内で使用するドキュメント

　反復内でのドキュメントに関しては，「このドキュメントは作成するべき」「このドキュメントは不要」というように決めなくてもよいでしょう．反復内での情報伝達手段として，ドキュメントを作成する，作成しないということを決めるということ自体が（「アジャイルソフトウェア開発宣言」で克服したい第一の価値である）「プロセス主体の考え方」です．アジャイル的な考え方は，「人と人の対話の道具として必要であれば（それ用の）ドキュメントを必要なときに作成する」という考え方です．例えば，プロダクトオーナーが，あるプロダクトバックログ項目の意図を開発チームに伝えるという場合，そのときの手段として最も良い手段であれば，躊躇せずに，詳細設計書でも疑似コードでも作成するべきでしょう．それを，与えられたプロセスとして，「作成しなければならない」「作成するべきでない」という発想になってしまうのが，これまでの開発方法の悪弊です．

　実際には，ウォーターフォール型の開発に比べて，アジャイル開発は，開発のためのコミュニケーションの相手は常に近くにいて，開発チームのメンバーは，プロダクトオーナーを含めて毎週のように顔を突き合わせる開発環境に置かれます．このようなときに，対話の手段としてドキュメントを必要とする機会は従来に比べて少なくなるのは事実です．また，反復内での開発用のドキュメントを作ったとしてもそれが構成管理の対象になることはありません．その点でも，従来の使われないドキュメントに対する保守の負荷の問題もなくなるという利点があります．

(3) アジャイル開発で作成するドキュメントの形式および管理方法

　従来のソフトウェア開発では(開発プロセスとは別の問題ですが)ソースコードとドキュメントで別々の形式や管理方法を採用している場合が少なくありません．アジャイル開発では，ドキュメントを作成する場合でも，できるだけ，ソースコードまたは懸案事項の同じ形式で同じ管理方法を採用するとよいでしょう(管理方法の詳細は Q15 参照)．

　ドキュメントを作成しようとする場合，第一に考慮すべきなのは，ソースコード内の記述として，「従来のドキュメントと同様な情報をドキュメントと同レベルの見やすさで記述する」ことの検討です．ソースコードとしては，参照困難な形式であっても，ドキュメント生成ツールなどを活用してソースコードからドキュメント相当の形式が生成できるのであれば，それらの情報はドキュメントとして作成するのではなく，ソースコードとして保守すべきです．それでも，ドキュメントをソースコードの外付けとして記述したほうがよい場合もあります．この場合でも，形式としてはマークダウン等，テキストレベルで変更管理が可能な形式を採用したほうがベターです．こうすることによってGit 等での変更管理ができるほか，Git-Flow のような承認プロセスもソースコードと共有できます．

　ソースコードと同等な構成管理がそもそも不要なドキュメントに関しては，アジャイル開発のチケット管理の仕掛けを利用して登録し，必要に応じて閉じる(記録はするが管理は終了する)という運用がよいでしょう．

(4) どのようなドキュメントがアジャイル開発で作成不要なのか

　これまで，中間過程としての工程が前提になっているドキュメントのうち，開発者が必要としないと判断したものは作成しません．ただ，機能設計書であれ，詳細設計書であれ，開発者が必要だと認識したものは作成してもよいでしょう．前述のとおり，ドキュメントの種類によって，作成することを禁じる

ようなルールを設けるべきではありません.

　また，アジャイル開発の他の仕組みで記述するものと情報的に同じものをわ
ざわざドキュメントとして記述するのは作業の重複で無駄です．典型的には，
プロダクトバックログやスプリントバックログに書けばよいのです．例えば，
ユースケースの記述がそのままプロダクトバックログ項目になるような場合，
プロダクトバックログ項目とユースケースも二重管理する必要はなく，アジャ
イル開発にもともと備わったマネジメントの仕掛けを活用することができます.
ユーザーストーリーやハイレベルのユースケースなどは，リッチピクチャ等で
記述した場合でも，必ず対応するプロダクトバックログ項目からリンクされる
ようにして，バックログ項目の拡張という位置づけにするのがよいでしょう.

ドキュメントを作成しない大規模ソフトウェアでのバグ事例

　正確には，（非ウォーターフォールではあるが）アジャイル開発ではなく
RUP 的な反復開発で，ほとんどドキュメントを作成せずに数十万 LOC 規
模のソフトウェアを開発したときに，そのプロジェクトで作り込み，
フィールドでご迷惑をかけた不良を解析したことがあります．不良数の絶
対値も他のプロジェクトの平均より高かったのですが，不良の種類に大き
な特徴がありました．ユーザーが指定するような名称の制限に起因する不
良や，制限値に関する不良，マニュアルとプログラムの仕様差異の不良が
過去の経験からはないほど多発していました．例えば，顧客が設定する名
称で使用できる文字の制限や名称の長さがソフトウェア内の各コンポーネ
ントによって違う解釈をされていたといった不良です．これらの問題は，
ある機能・コンポーネントに閉じた設計ではなく，また，一つのユース
ケースに閉じた問題でもありません.

　この事例からいえるのは，数十万 LOC 規模のソフトウェアの場合，ソ
フトウェアのコードだけで統制がとれる問題と，そうでない問題があり，

補完的に製品全体に関連する仕様をまとめたドキュメントが（必要悪にせよ）あったほうがよいということです．実際に，この製品の場合，アーキテクチャー設計書，ハイレベルユースケース等のプログラム全体の設計に関するドキュメントは復活させ，作成するドキュメントを最適化したことにより，以前のウォーターフォール型開発の頃と比べても品質が向上しました．

Q & A

Q10 アジャイル開発で失敗した．本質的にダメな開発方法ではないのか？

A10 いいえ．一度の経験だけで特定のソフトウェアの開発方法を否定することはできません．アジャイル開発も従来同様，経験による知識の蓄積が重要です．

「アジャイル開発を試行してみたが，継続できなかった」という話もよく聞きます．「実際に試してみて駄目だとわかったので二度と使うことはない」というのです．この問いに一言で答えれば，「どのような方法であれ，ソフトウェア開発は簡単ではない」ということです．本項では，アジャイル開発でありがちな失敗パターンとそれに対する処方箋を簡単にまとめます．詳細の解説は，第2章以降の各Q&Aで説明していきます．

(1)　アジャイル開発の3つの失敗パターン

実際にこのようなことをいう人の真意を探ってみると，大きく3つのパターンがあるように思います．

第一のパターンは，そもそもアジャイル開発の原理をよく理解せずにアジャイル開発のプラクティスをつまみ食いをするようなケースです．例えば，本来

の意味でのプロダクトオーナーを割り当てず，必要とされている機能とは異なる機能として実装してしまうような場合です．また，各反復でもインクリメントをプロトタイプの一種と勘違いして，一見期待されるような機能を実装していたがソースコードを見たら TODO コメントが何十カ所にも散らばっていたというような場合も同様でしょう．このパターンでの失敗は「そもそもアジャイル開発を行っていない」という問題が原因です．

　第二のパターンは，アジャイル開発に従来開発で採用していた手法を無理やり適用して失敗するようなケースです．すなわち，中間工程を設けることが前提のウォーターフォール型の開発で実績のあったドキュメントや品質管理手法などを強引にアジャイル開発の短い反復期間に押し込んでしまい，軽量プロセスとしてのアジャイル開発のうまみを消してしまうような場合です．この場合，「各反復のベロシティが上がらない」「反復期間を延ばさないと実行困難」ということになってしまいます．このパターンは，そもそもそれまでのマネジメント手法の本質を理解していないために失敗したケースといえます．

　第三のパターンは，アジャイル開発の原理も理解し，アジャイルのプラクティスを愚直に実行したが，原則自身をうまく守ることができずに失敗してしまったというような例です．例えば，「一つのユーザーストーリーを一つの反復で実装しようと思ったができなかった」とか，「各反復でバグをすべてフィックスしようとしたができずに，常に信頼性の低いインクリメントになってしまったり，そもそも固定長の反復にならなかったりする」というような場合です．

　上記のどのパターンにしても，アジャイル的な開発プロセスを採用した場合，多くの開発チームでは開発者のやる気がドラスティックに上がります．そして，士気の高いまま数回反復を繰り返すごとに，自分たちの開発しているソフトウェアの方向性に疑問をもつようになります．仕切り直し後に，改善されたアジャイル開発を継続できればよいのですが，結局，ウォーターフォール型の開発に戻ってしまう事例も残念ながらあります．そして，「実際にアジャイル開発を実行したがダメだった」「本質的にダメだということがわかった」という

ことになります.

(2)　簡単に成果が出るわけでないアジャイル開発

　上記におけるアジャイル開発失敗の第一のパターンと第二のパターンは，そもそもアジャイル開発を誤解しているので，「もう少しアジャイル開発を勉強してください」が答になります. 問題は，第三のパターンです.

　面白いことに，アジャイル開発を推進している人もウォーターフォール型の開発に対して「ダメな開発方法」といっています. すなわち，自分はウォーターフォール型の開発も体験した. しかし，「本質的にウォーターフォール型の開発は“ダメな開発方法”だということがわかった」というのです. 長年ウォーターフォール型の開発を経験されてきた人であればすぐにわかるとおり，ウォーターフォール型の開発の原理(品質管理のノウハウ)を理解しただけで，高品質の大規模ソフトウェアが開発できるわけがありません. また，ウォーターフォール型の開発で，「工程の後戻りは絶対に禁止」という原則を愚直に守ろうとしても実際のプロジェクトとしては無理ということはすぐにわかります. どちらにしても，何も経験のない人が，ウォーターフォール型のソフトウェア開発の原理を理解して一度試したことがあったとしても，それで，その開発方法を否定できるとは夢にも思わないでしょう.

　実はアジャイル開発も同様なのです. 全くソフトウェア開発プロセスに対して素養のない開発チームがあった場合，アジャイル開発は，ウォーターフォール型の開発よりも導入の難易度は(実は)高くありません. しかし，アジャイル開発の原理やプラクティスレベルの知識，ノウハウを知っているだけでは絶対に良いソフトウェアは開発できません. アジャイル開発特有のノウハウもありますが，アジャイル開発がすべてのソフトウェア開発のプラクティスを包含しているわけではないのです. 例えば，ソフトウェア構成管理のしかけとか，テスト自動化とか，アジャイル開発と密接に連携し，その技術の有無がソフトウェア開発の成否を分けるほど重要なものでもアジャイル開発のプラクティスそのものではありません. そういったソフトウェア開発プロセスよりも大きな

レベルのソフトウェア開発の能力がないと良いソフトウェアは開発できません.

(3) 組織的なアジャイル開発経験の蓄積が重要

また,実際にアジャイル開発でのプロジェクトを経験することにより,得られるノウハウを蓄積していくことも重要です.各組織には,各組織が過去からもっている良い技術やノウハウがあるでしょう.一部のものはウォーターフォール型の開発に特化したものかもしれませんが,そうでないものあるはずです.そのようなノウハウとアジャイル開発のプラクティスをいかに有機的に結合していくかを考えるとよいでしょう.実際に,スクラムのようなプラクティスでも,元々の組織のもっている,いろいろなソフトウェア開発の知識とアジャイルのプラクティスを組み合わせて自組織の特徴を活かしたソフトウェア開発方法をとることを勧めています.

実際には,ソフトウェア開発に「この道をたどれば必ず成功する」というような王道はありません.どの開発プロセスに対してでも,経験,スキル,ノウハウがない状況で,一回実践しただけの結果で判断してはならないといえます.

組織的にアジャイル開発を実施する際の課題や対策は第4章のQ&Aを参考にしてください.

■第1章の参考文献

［1］ Kent Beck ほか:『アジャイルソフトウェア開発宣言』(https://agilemanifesto.org/iso/ja/manifesto.html)

［2］ Ken Schwaber, Jeff Sutherland:「スクラムガイド(2017 年 10 月)」(https://www.scrumguides.org/docs/scrumguide/v2017/2017-Scrum-Guide-Japanese.pdf)

［3］ Kent Beck, Cynthia Andres 著,角征典訳(2015):『エクストリームプログラミング』,オーム社.

［4］ Jonathan Rasmusson 著,西村直人,角谷信太郎監訳,近藤修平,角掛拓未訳(2011):『アジャイルサムライ』オーム社.

［5］ F. ブッシュマン,R. ムニエ,H. ローネルト,P. ゾンメルラード,M. スタル著,金澤典子,水野貴之,桜井麻里,関富登志,千葉寛之訳(2000):『ソフトウェアアーキテクチャ』,近代科学社.

［6］　ディーン・レフィングウェル著，玉川憲監訳・訳，橘高陸夫，畑秀明，藤井智弘，和田洋，大澤浩二訳(2010)：『アジャイル開発の本質とスケールアップ』，翔泳社.

アジャイル開発でプロジェクトマネジメントは可能なのか？

　本章では，アジャイル開発によって，ソフトウェア開発のプロジェクトマネジメントが可能なだけでなく，抜本的に簡単になる仕掛けについて説明します．

Q & A

Q11 アジャイル開発は，QCD のどれを一番重視する？

A11 プロジェクトマネジメントでの管理項目，品質・機能(Q)，コスト(C)，納期(D)のなかで，アジャイル開発で一番重視するものは Q です．

　「アジャイル」という語感から，アジャイル開発は工期短縮がその第一のメリットと感じている読者も多いかもしれません．しかし，アジャイル開発が一般化している米国の場合，アジャイル開発の効果は開発期間の短縮よりも広義の品質といわれています[1]．

　同じ機能のソフトウェアを開発する場合，アジャイル開発を採用することにより短期間に開発できる場合はあるでしょう．しかし，アジャイル開発を採用することによって，無条件に開発期間が短縮されるということはありません．また，開発したソフトウェアの狭義の品質(信頼性)も他の開発方法に対して向上すると保証されているわけでもありません．それでは，アジャイル開発にお

いて「広義の品質向上」はどのように実現できるのでしょうか.

　ソフトウェア開発のプロジェクトがあった場合，そのプロジェクトが成功したかどうかは，広義の品質に比例します. また，コストや開発期間には，それぞれ反比例します. したがって，はなはだ大雑把ですが，以下のような式で表せるでしょう.

$$ソフトウェア開発プロジェクトの成否 \propto \frac{広義の品質（Q）}{コスト（C）\times 開発期間（D）}$$

　従来のウォーターフォール型のソフトウェア開発の場合，機能も含めた広義の品質はスコープとしてソフトウェア開発時には決めてしまっています. このため，開発プロジェクトを成功させるためには，広義の品質は保証したうえで，決められたコストや期間を守れるかどうか，さらには，どれだけ低いコスト，短い開発期間で決められた広義の品質を実現できるかが課題となります. すなわち，式の分子部分は固定のまま，分母部分を少なくすることでプロジェクトの成功をめざします.

固定部分（固定スコープ）

$$ウォーターフォール型の場合 \propto \frac{広義の品質（Q）}{コスト（C）\times 開発期間（D）}$$

可変部分（低コスト，短期）

　一方，アジャイル開発の場合，事前にスコープを固定的に決めずにソフトウェアの開発をスタートします. しかし，コストや開発期間は固定したチームが固定期間で開発します.「この固定コスト，固定期間で，いかに良いソフトウェアを開発するか」がアジャイル開発の目標となります. ウォーターフォール型の開発のときとは逆に，式の分母部分が固定で，分子部分を当初の予定よりも大きくすることがアジャイル開発でのプロジェクトの成功となります.

　これまで，アジャイル開発ではスコープが固定でないということから，「要求が頻繁に変わる」とか「試行錯誤的に開発」というように思われがちでした. しかし，スコープが固定でないということは，悪い意味ではなく，当初立てた

計画よりも良い案があれば，それを使って改善するというほうが，本来の意味に近いといえます．

$$\text{アジャイル開発の場合} \quad \propto \quad \overset{\text{可変部分（高価値ソフト）}}{\underset{\text{固定部分（チーム，期間）}}{\frac{\text{広義の品質（Q）}}{\text{コスト（C）} \times \text{開発期間（D）}}}}$$

なお，アジャイル開発で飛躍的に向上する品質とは，「ある固定の要求に対してソフトウェアの実装に不良がない」というような「狭義の品質」ではありません．開発されたソフトウェアを使う人がより満足することです．より具体的にいえば，そのソフトウェアが使われる現場で，より大きな効果をもたらし，より大きな効率化を達成すること，すなわちユーザーの満足度を上げることとなります．

Q & A

Q12 アジャイル開発での QCD 管理方法は従来と何が異なるか？

A12 アジャイル開発では，固定のコスト，期間内にソフトウェアの価値（機能・品質）が最大限になるように管理します．決められた機能・品質が前提の従来の方法とは全く異なります．

単に「非ウォーターフォール型の開発」というと，開発自体の統制がとれておらず，マネジメントも難しいという印象をもたれている方も多いかもしれません．アジャイル開発は，前章にも述べたとおり，ウォーターフォール型の開発とは大きく異なりますが，ウォーターフォール型開発と同様，もしくはそれ以上に厳格なルールにもとづいて反復が実行されます．一つひとつの反復の長

さは固定であり，反復のなかで行う作業も共通化され，作業内容の多くもルールにもとづいて行われます．ここで，アジャイル開発においてプロセスに関するルールを厳格にしている理由の大きな一つはプロジェクトマネジメントの容易化であると，筆者は考えています．本項では，「アジャイル開発を採用することにより，なぜプロジェクトマネジメントが容易化されるのか」を，従来のプロジェクトマネジメントの方法と比較して説明します．また，アジャイル開発の特性を活かして，これまでに実施することが難しかった，価値作り込みの測定や，一つのプロジェクト内での開発チームの成長など，アジャイル開発ならではの新たなプロジェクトマネジメント施策を紹介します．

(1)　プロジェクトマネジメントの難しさ

　ソフトウェア開発に限らず，プロジェクトのマネジメント，特に機能も含めた広義の品質 (Q)，コスト (C)，納期 (D) の管理は簡単ではありません．これらの要素それぞれが個別に管理可能であれば良いのですが，3 つの要素がそれぞれ影響し合っているのがプロジェクトマネジメントを難しくしている一因です．例えば，「品質を上げようとすると，コスト，納期がかかる」「リソースを増やすと納期は短くなるかもしれないが，コストはかさむ」「納期を遅く設定すれば，顧客の満足（すなわち，品質）は下がる」というように QCD のそれぞれの要素を変更しようとすると，他の 2 要素に影響が出てきます．これを，本書では，QCD の三体問題[1] と名づけます．

(2)　アジャイル開発におけるプロジェクトマネジメント面の特徴

　プロジェクトマネジメントの三体問題を考えるうえで，アジャイル開発には

---

1)　三体問題とは，物理学や天文学で「太陽，地球，月といった 3 つの質量をもつ物体がそれぞれ引力で相互作用する場合，どのような軌道をもつのか」を求める問題です．式の変形で求められるような一般解析解はなく，数値シミュレーションが必要となります．

●ウォーターフォール開発

●アジャイル開発

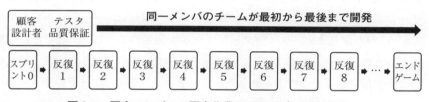

図2.1 固定メンバー，固定作業によるアジャイル開発

大きな特徴があります（図2.1）.

　従来のウォーターフォール型の開発の場合，顧客，上流設計者，下流設計者，テスターなど，さまざまな開発関係者が工程ごとに異なる作業を工程ごとに異なる期間，異なる人数で行い，まるでリレーのような形式でソフトウェアを開発しています．このことが，ソフトウェア開発のプロジェクトマネジメントを難しいものにしていました．例えば，上流設計者が基本設計の工程をオンスケジュールでやっていたとしても，「その後の他の人間が実行する工程で遅延が発生するかどうか」は明確ではありません．さらに，テスト段階に入って当初のスケジュールから遅延していると，結果的に再設計すべき部分が低品質であったり，テスト期間が不足したりして低品質なソフトウェアになることが少なくありませんでした．また，期間ごとのコストも工程によって異なるため，時間軸でのコストマネジメントも簡単ではありません.

　その一方，アジャイル開発では一つの反復は1週間〜1カ月という期間で固定し開発チームのメンバーが同じような作業を繰り返し行います．ここで，最初から最後までチーム内のメンバーの入替えは原則的になく，同じメンバーが

開発します．したがって，期間当たりの開発コストも一定で増減はありません．
反復のなかには，設計，コーディング，テスト，妥当性確認とさまざまな作業
が必要になりますが，あるメンバーがある役割を固定的に請け負うのではなく，
一人のメンバーが，必要に応じてある反復では設計，ある反復では環境構築と
フレキシブルにチームとして必要な役割を動的に担当することが求められます．

　各反復では，その反復で実装する項目（プロダクトバックログ項目）を決め，
設計，実装，テスト，妥当性確認を行います．最初の 2，3 回の反復で「その
チームが一つの反復で，どの程度の開発ができるか」という実力（ベロシティ
という）がわかります．ウォーターフォール型開発のように，工程ごとに本質
的に違う作業を行うのではなく，アジャイル開発では，最初から最後まで反復
のなかでは同じような作業を繰り返し行います．したがって，そのチームのベ
ロシティを把握することで，そのプロジェクト全体のスケジューリングを高い
精度で予測でき，スケジュールの乱れによる品質の課題を軽減できるのです．

(3)　アジャイル開発での QCD マネジメント

　ウォーターフォール型のソフトウェア開発では，これまで，従来のプロジェ
クトマネジメントでの QCD マネジメント，三体問題の方法を採用していまし
た．一方，アジャイル開発では，QCD のうち，CD を一体的にマネジメント
することにより，プロジェクトマネジメントの三体問題を，Q + CD と二体問
題に簡略化し，抜本的にプロジェクトマネジメントを容易にできます（図 2.2）．

　以下，ウォーターフォール型の開発でのプロジェクトマネジメントの方法を
説明します．続いて，「アジャイル開発の原則を守ることにより，どのように
プロジェクトマネジメントが容易になるのか」を説明します．

(4)　ウォーターフォール型での開発での QCD のマネジ
　　　メント方法

　ウォーターフォール型の開発の場合，Q（この場合，機能も含めた広義の品
質），C，D のすべてのマネジメントが必要となります．具体的には，図 2.3

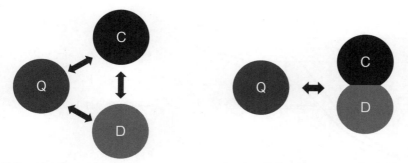

従来のプロジェクトマネジメント　　　アジャイル開発でのプロジェクトマネジメント
（Q, C, Dの三体問題）　　　　　　　　　（Q, CDの二体問題）

図2.2　プロジェクトマネジメントの三体問題

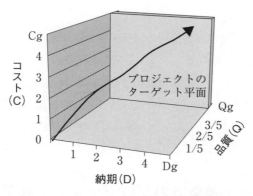

図2.3　プロジェクトのターゲット平面

の三次元グラフで，固定値である Qg を達成したときに，C，D がそれぞれの
目標値 Cg，Dg 以下の値であればプロジェクトは成功となります．プロジェ
クトを実行して，グラフ上のプロジェクトのターゲット平面に到達すれば，プ
ロジェクトは成功であり，ここまで到達しないか，平面よりも外を通過すると
失敗となります．
　実際のウォーターフォール型の開発では，三次元グラフを使うマネジメント

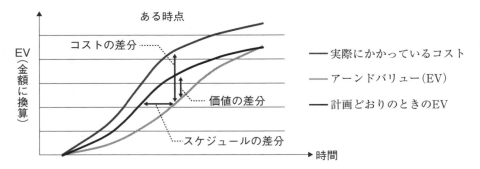

図2.4　アーンドバリューマネジメント（EVM）のグラフ（例）

は難しいため，二次元の平面座標を使いアーンドバリューマネジメント（EVM）で管理することが多いでしょう．**図2.4**に，EVMでのQCDのマネジメントを説明[2]します．

　ソフトウェアで開発する各機能の価値を金額換算し，できたものの累計金額をアーンドバリュー（EV）とよびます．EVを当初の計画値と実際の値の比較やEVと実際に費やしたコストを比較することで，二次元平面でQCDの進捗を表し，金額という同一測定基準で統合的に進捗を把握することができます．

　EVMを使うことにより，二次元の平面グラフで進捗をマネジメントすることができますが，それにしても，複雑であることには変わりないでしょう．

（5）　アジャイル開発でのプロジェクトマネジメント方法

　一方，アジャイル開発にも，Q（機能も含めた広義の品質）の目標Qgはあります．しかし，そこに到達してもプロジェクトは終了せず，C,Dに残りがあれば，さらにプロジェクトを進行させ，Qを向上させます（**図2.5**）．CとDは常に連携しており，プロジェクトの最終では，CとDはそれぞれ目標値Cg，Dgになります．したがって，アジャイル開発での目標は，与えられたCg，

　2）　ここでは，EVMの考え方を用いた，QCDのマネジメント方法を説明しています．オリジナルなEVM用語は使っていないことに注意してください．本来のEVMの詳細は参考文献[2]を参照してください．

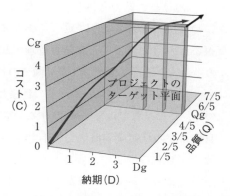

図2.5　アジャイル開発における QCD のターゲット

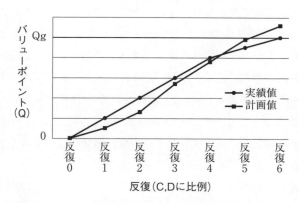

図2.6　アジャイル開発における QCD のマネジメントグラフ

Dg において，Qg 以上の成果を出すことであり，**図2.5** では，プロジェクト
のターゲット平面の右上から延びる矢印の部分が，アジャイル開発の目標とな
ります．

　アジャイル開発の QCD の進捗マネジメントは，**図2.6** の二次元グラフを使
い抜本的に簡易化可能です．固定期間，固定メンバーの反復であるアジャイル
開発では，C と D は比例しており，反復とともに線形に増加します．した
がって，EVM のようにコストとスケジュールを別々に制御する必要がありま

せん．グラフでいうと，QCD三次元の立体グラフでなく，さらにEVMのように，二次元グラフにQとCの線を両方引く必要もありません．すなわち，二次元グラフで，反復ごとのQのみ計画と実績を管理すれば十分なのです．ここで，アジャイルの場合は，最終反復で，Qが計画での目標値Qgより大きくするようにマネジメントすることがプロジェクトの目標となります（**図2.6**）

　このとき，固定なのは，Qの目標ではなく反復（すなわちCD）の目標になります．したがって，目標となる反復より前にQの目標を達成しても，さらに価値を積み重ねることが可能になります．もちろん，期限内にもともとのQの目標を達成してしまうこともあるでしょうが，もともと立てたQの目標を達成できない場合はどうなるでしょうか．従来のウォーターフォール型の開発の場合，最後になって動くソフトウェアができ始めます．この時点になって，最終的にQの目標が達成できそうもないということが判明すると大混乱になります．一方，アジャイル開発の場合，チームのベロシティが安定すれば，プロジェクト期間の中間時点よりも前（期間的にウォーターフォール型の開発であれば，コーディングよりも前）に，最終的にQの目標が難しいということが予測可能になります．このため，Q未達成予定に対して，どのような対策をとるか検討する時間がウォーターフォール型の開発に比べて多くなり，何らかの対策を練ることができるようになるといえます．

　ここで注意したいのは，このようなマネジメントができる理由は，「単に反復的にソフトウェアを開発しているから」では「ない」ということです．同じ反復開発でも，RUPの場合，フェーズによって人が入れ替わったり，反復によって反復期間を変えるような場合があります．この場合は，CとDは別々に管理が必要であり，従来のウォーターフォール型の開発と同様にEVM等によるマネジメントが必要となります．

　アジャイル開発においても，エンドゲーム（Q36参照）などで，反復の期間を変えたり，チームのメンバーを入れ替えたりしたい場合が発生します．ただ，マネジメントの容易性の観点からいえば，他の反復と同じように，同一期間，同一メンバーで実施したほうがよいでしょう．

Q & A

Q13 アジャイル開発で開発チームや開発者，プロセスは成長するのか？

A13 はい．アジャイル開発を採用した場合，開発チーム，開発者個人，ソフトウェアライフサイクルも含めた開発プロセスのすべての面で成長することが可能です．

　本項では，開発チーム，開発者個人，ソフトウェアライフサイクルでの成長を可能にするアジャイル開発のプラクティスを紹介します．

(1) 開発チームの成長

　アジャイル開発では反復の最後に，その成果（インクリメント）を評価する会議（スクラムではスプリントレビュー）とは別に，反復での開発チームの取組みを評価するレトロスペクティブとよばれるふりかえりのための会議を開催します．

　レトロスペクティブでは，チームのメンバーが全員集まり，その反復で実施して次回以降も続けること（Keep）や，問題になったこと（Problem）を列挙し，次の反復で新たに行うこと（Try）を抽出します．これらの項目は，技術的な施策，会議の効率化，コミュニケーションの改善等，チームでのソフトウェア開発を改善するものすべてが含まれます．レトロスペクティブという場を定期的に実施し，反復での施策を改善する施策を積み重ねていくことで，一つの開発プロジェクトのなかでチームとしての成長および反復ごとの開発プロセス成熟の両方が実現できます．

(2) 開発者個人の成長

　開発者個人という観点では，アジャイル開発では，一つのプロジェクトでプ

ログラマー，テスト担当，構成管理担当といった複数の役割を経験できます．従来であると数カ月から1年といったプロジェクトの長い期間ごとに新たな役割をマスターしていったのに対して，アジャイル開発の場合では1週間から2週間といった短い期間で，いろいろな役割をスキルの高い技術者と連携して経験することができ，開発者としてのスキルを短期間に身に付けることができます．

(3)　ソフトウェアライフサイクルでのプロセス改善

　ソフトウェアのライフサイクルや，多くのソフトウェア開発プロジェクトをもつ組織のソフトウェア開発プロセスの改善という観点でもアジャイル開発は優位です．ウォーターフォール型の開発とアジャイル開発のレトロスペクティブを比べてみましょう．

　ウォーターフォール型開発の場合，ふりかえりは一つのプロジェクトが終わったときに，プロジェクト単位のふりかえり(ポストモーテム)として通常行われます．ポストモーテムはプロジェクトの単位でそのプロセスをふりかえり，反省点や改善点を次のプロジェクトにつなげるための会議です．場合によって，プロジェクト単位のポストモーテムに加えて，ある工程が終了したときにふりかえりの機会を設けることもあります．その場合でも，それが改善できるのは次の開発プロジェクトの同じ工程まで待たなければなりません(図2.7)．

　一方，アジャイル開発の反復で実施する作業は毎回同じです．また，反復ご

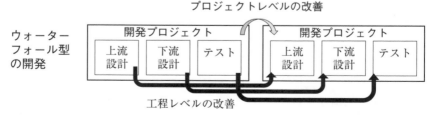

図2.7　ウォーターフォール型の改善サイクル

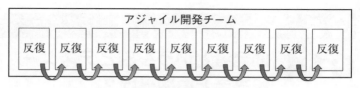

アジャイル
開発

図 2.8　アジャイル開発での改善サイクル

とにその取組みをレトロスペクティブで評価し改善できるため，反復単位とい
う短期間ごとに，開発チームおよびそのチームによる開発プロセスの問題解決
および改善が可能になります（図 2.8）．忘れてはならないのは，このような改
善を繰り返すことが開発者としての各種マネジメントスキル向上にも大きな効
果があることです．

　プロジェクトとしてアジャイル開発を行う場合には，ウォーターフォール型
の開発と同様にプロジェクトの終了時に，プロジェクト全体のポストモーテム
を実施するとよいでしょう．反復単位のレトロスペクティブでは出てこないよ
うな課題，例えば，「アジャイル開発にして良かったのか」というレベルのふ
りかえりを行うことも可能です．

　実際には，ウォーターフォール型の開発であっても，一つのプロジェクトの
なかで同じような作業を何回か繰り返して評価・改善することにより，プロ
ジェクト内での開発チームの成長を図るようなプラクティスは従来からありま
した．具体的には複数のプログラムやモジュールを開発するときに，一つ目の
開発で仕様作成からコーディングやテストを経験し，熟練者にそれぞれを
チェックおよび指導してもらうことで一通りの作業を学び，一つのプロジェク
ト内で経験の少ない技術者がソフトウェア開発の各作業を一通り学んでいくよ
うな方法です[3]．

　アジャイル開発の場合は，個別のプロジェクトのベストプラクティスという
位置づけではなく，どのようなプロジェクトであっても，アジャイル開発を採
用することにより，プロジェクト期間中に開発チーム，開発者，開発プロセス
が成長する仕掛けが備わっているのです．

Q & A

Q14　開発者という役割とテスター，構成管理担当者との関係は？

A14　アジャイル開発では，ソフトウェア開発での役割（ロール）を分業化せず，一人の開発者が反復ごとに，プログラマー，テスター，構成管理担当者と必要な役割を複数担当することがあります．

　アジャイル開発では，ソフトウェア開発チームに関わる役割（ロール）を，これまでのソフトウェア開発と比べて変えています．例えば，米国企業では完全に分業化されていた開発者とテスターという役割だけでなく，構成管理，ドキュメント管理，自動化環境設定といったさまざまな役割をすべて，開発者（developer）としてまとめています．役割を一つにまとめたからといって，テストや構成管理等の作業がなくなるわけではありません．これらの業務を人と開発チーム（やプロジェクト）という単位で関係づけるのではなく，各チームでそのような業務が必要なときに，ダイナミックにその時点で最適な人に割り付けます．例えば，従来は，あるソフトウェア開発の体制でテスターはテストだけ，構成管理者は構成管理だけという場合もありましたが，アジャイル開発では，ある人は「プログラム開発が主だが，ある反復では，その反復で実装したユーザーストーリーのテストに最適だ」という理由でテスターとなり，ある反復では，「構成管理者が長期休暇のため，構成管理を行う」ということもあり得ます．個人が固定的な役割をもって「このような業務定義外なので作業はやりません」というようにはせず，チームの各メンバーが自律的に動き，ある反復で必要なタスク（スプリントバックログ）を一番効率的・効果的に割り当てるようにするということです．

　アジャイル開発の実態としては，どの反復でもコードを書く人，どの反復で

もテストをする人になることも多く，例えば，開発環境を改善するようなタスクも特定の人に割り当てられる場合が大部分でしょう．しかし，アジャイル開発では，「××をする人」を前提にスプリントバックログを割り当てるという考え方ではなく，スプリントバックログを基準にスプリントごとに最適な人に割り当てるという発想なのです．

　もっとも，米国の実情をいえば，いまだに細かい単位で職種は分化しています．一方，日本では過去には単に「開発者」「設計者」としてフレキシブルにその役割が設定されていたのに，（旧来の）米国に倣って，上流設計者，プログラマー，テスター，自動化担当者と旧来の米国風な職種分化の傾向が見えます．技術者としてのキャリアパスを築くという観点で，これらの職種は意味がありますが，過度の職種分化による開発組織の硬直化はアジャイル開発の観点では好ましくありません．日米のソフトウェア開発の職種の課題と方向性の詳細は，付録を参照してください．

Q & A

Q15 アジャイル開発で要求や懸案をどのようにマネジメントするのか？

A15 従来のバラバラなプロジェクトマネジメント環境をアジャイル型の開発ではチケットベースのプロジェクトマネジメント環境で刷新することができます．

　本項では従来の手作業ベースのソフトウェア開発の各種マネジメント環境がどのように統一できて省力化が可能になるのかを説明します．

(1) 従来のソフトウェア開発におけるプロジェクトマネジメント

　従来のソフトウェア開発におけるマネジメント方法は，マネジメントする対

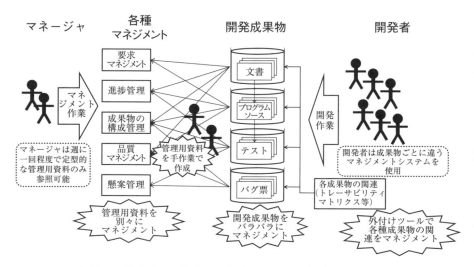

図2.9 従来のソフトウェア開発におけるマネジメントの問題

象によって管理方法，管理場所，管理するツールなどが別々になっていました（図2.9）．例えば，要求のマネジメントは要求マネジメントツール，ソフトウェア不良はバグトラッキングツール，リスク，インシデント，スケジュール等もそれぞれのマネジメントの仕掛けをもつ場合が多数でした．このため，開発者から見ると同様の情報を何回も入力しなければならなかったり，必要な情報がすぐに見つからないという問題もありました．マネジメント側の立場から見ると，管理用の資料の多くは手作業で作成されるため，週次の工程会議のために多くの工数が費やされていました．

(2) アジャイル開発におけるプロジェクトマネジメント

これに対して，アジャイル開発では，チケットという単位を使います．要求，開発機能，懸案，インシデント，不良もすべて「何か作業が必要なもの」という発想でどれもチケットという同じ帳票を使い，マネジメントします（図2.10）．また，チケットで管理する作業の単位は，人日または人時という細かい単位で設定します．この仕掛けを使うことによりチケットの中途の進捗管理

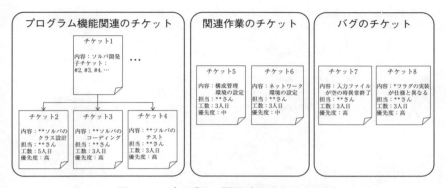

図2.10 プログラム開発時のチケットの例

を行わず「単にチケットが完了したか否かの管理」だけでプロジェクト全体のスケジュール管理が高精度でできるようになります．これらのチケットを格納する場所をバックログといいます．従来だと要求や開発機能にはポジティブなイメージがあったので，懸案・不良といったネガティブなイメージのものと一体管理することや，さらには「バックログ」という用語にも抵抗を感じた読者もいるでしょう．しかし，アジャイル開発の発想で考えると，開発者にとってはこれから開発する機能であっても，それを必要とする顧客のビューでいえば「必要であるのに満たされていない状態」といえます．この「顧客の満足な状態との差分」が，バックログであり，それをマネジメントするということが，すなわち顧客の満足，製品の品質をマネジメントすることにほかなりません．

　チケットベースのマネジメントシステムを使ってどのようにマネジメントを省力化するか，**図2.11** を使って説明します．まず，開発者は，マネジメント用の作業を行うという意識をもつ必要はありません．開発者が実行する作業は，チケットベースのプロジェクトマネジメントツールおよび，ソースコードを管理している Git 等の変更管理システムのみです．一方，マネジメント用の資料は，手作業で作成することはなく，チケットベースのマネジメントシステムの結果をリアルタイムに出力することができます．要求の充足状況やバグの対策状況，スケジュールの状況などを，開発者を含むステークホルダーが参照でき

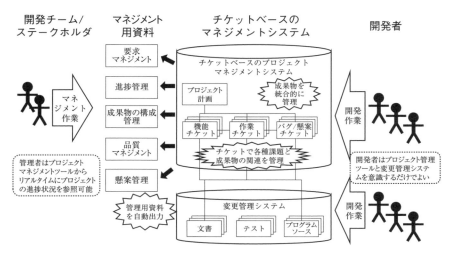

図2.11　チケットベースのマネジメントシステムによる省力化の仕掛け

るようになります．このように，マネジメントの負荷が抜本的に削減できることも，アジャイル開発で専門のプロジェクトマネージャーを置かず，開発者がセルフマネジメントできる理由の一つなのです．

■第2章の参考文献

［1］　Scott W. Ambler (2008)："Has Agile Peaked?"（http://www.drdobbs.com/architecture-and-design/has-agile-peaked/207600615）

［2］　Dr. Dobb's Journal (2008)："Agile Adoption Rate Survey Results"（http://www.ambysoft.com/surveys/agileFebruary2008.html）

［3］　初田賢司(2012)：『システム開発のための WBS の作り方』，日経 BP 社.

［4］　山田博，秋元敏夫，野口陽二，和田京子(2010)：「設計工程から品質を飛躍的に向上させる「一人一本目チェック(R)技法」の確立」，『プロジェクトマネジメント学会研究発表大会予稿集 2010』，Spring(0)，pp. 119-122.

アジャイル開発での品質マネジメント

　アジャイル開発を採用しようというとき，一番気になることは開発するソフトウェアの品質ではないでしょうか．本章では，アジャイル開発でどのように品質を計画し，どのように品質を作り込んでいくかを説明します．

Q & A

Q16 アジャイル開発では品質の作り込みができないのでは？

A16 いいえ，アジャイル開発でもソフトウェア品質の計画やソフトウェア品質の作り込みが可能です．

　アジャイル開発ではソフトウェア品質の計画やソフトウェア品質の作り込みができないと思われることが少なくありません．しかし，これは誤った考え方です．確かにウォーターフォール型の開発で効果のあった品質マネジメント方法の適用が難しいことは事実です．しかし，実は，アジャイル開発は第1章，第2章で述べたアジャイル開発の基本的な考えに沿って開発すればソフトウェア品質のマネジメント，すなわち，「品質を計画し，また，品質を確保し，最終的に品質を保証すること」が可能な開発方法です．

　ここで大きな問題になるのは，ただアジャイル開発を行えば自然に品質マネジメントができるわけではないことです．さらに，アジャイル開発における品

質マネジメントの方法はウォーターフォール型の開発での方法と異なり，その適用方法にも工夫が必要です．このため，新たにアジャイル開発を行うプロジェクトでは，「どのように品質マネジメントを行うのか」を十分に計画するとともに，従来の品質マネジメント方法を抜本的に見直すことが重要なのです．

　本章の以下の Q&A では，アジャイル開発での品質の考え方，品質の計画方法，作り込み方法，最終的な確認方法について解説します．多くの読者は，従来型のソフトウェア品質マネジメントを行っていると想定し，本章の各節とも，まず「従来のソフトウェア品質マネジメントがどのような考え方であったか」を説明したうえで，続いて，アジャイル開発での品質マネジメント方法を説明していきます．

Q & A

Q17 アジャイル開発の品質マネジメントの理想と従来方法との違いは？

A17 理想的なアジャイル開発では，唯一のプロセスである反復を繰り返し実行して，その成果物であるインクリメントの品質を確認していきます．V字モデルのような中間成果物を生成するような工程は想定していません．

　まず，アジャイル開発における品質マネジメントの理想を従来のソフトウェア開発方法と対比して説明します．

　アジャイル開発は，ウォーターフォール型の開発やV字モデルと同様に，そのプロセスには明確な原則があるソフトウェア開発方法です．これまでの品質マネジメント方式が，ウォーターフォール型の開発やV字モデルの原則に対応して構築されていたのと同様に，アジャイル開発においても，その原則に

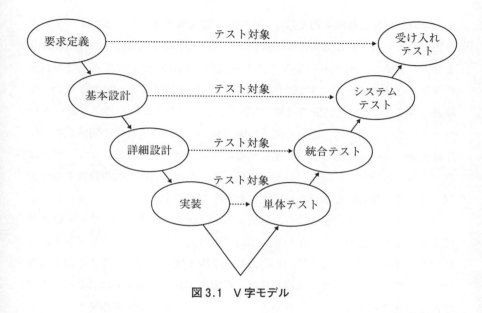

図3.1　V字モデル

沿って新たな品質マネジメント方法を構築することが重要です．本項ではまず，従来のV字モデルを使った開発での品質マネジメントの原則を説明した後に，「アジャイル開発では，どのような原則で品質マネジメントを行うか」を対比させながら説明していきます．

　ウォーターフォール型の開発の場合，品質マネジメントの仕掛けはV字モデルによって構築されています(**図3.1**)．

　V字モデルの左側の部分では各工程でできるだけ不良を作り込まないことが原則です．理想的には左側の部分でソフトウェアの不良はなくソフトウェアの開発も終了となりますが，実態として多くの不良が作り込まれるのが現実です．このためV字モデルの右側では左側で作り込んだ不良の点線矢印で対応する工程の不良はすべてとりきるというのが原則です．すなわち，単体テスト工程ではそれに対応する単体の設計段階で作り込んだ不良はすべて修正するということが求められます．

　(アジャイル開発と比べて)ウォーターフォール型の開発の大きな特徴は，各

工程の成果物は最終成果物ではなく中間成果物であるということです．中間成果物であるため，そこでの（代用）品質は，最終成果物の品質とは直接関係ありません．例えば，図 3.1 の V 字モデルの左側（設計段階）でできるだけ不良を作り込まないのが目標ですが，「実際に不良を作り込まなかったかどうか」を確認できるのは，右上（最終段階）までわかりません．このため，ウォーターフォール型の開発では，過去の開発経験にもとづき，各工程の中間成果物の代用品質から最終成果物の品質を推定するというプロセスを経ています．例えば，設計工程の施策の十分度や，レビューでの指摘件数といった代用特性を中間工程で使って，最終的な品質を推定するという方法です．

　一方，アジャイル開発の場合，品質マネジメントの見地からのモデルは極めてシンプルといえます．すなわち，反復ごとの出力となるインクリメントは，動作するソフトウェアであり，かつ最終成果物と同じ品質であることが求められています．したがって，原則的には，反復のインクリメントの品質が，反復ごとに保証できればそれで十分です．ウォーターフォール型の開発のように代用特性を採取する必要もないし，過去のプロジェクトの結果を使う必要も原則的にはありません．

　表 3.1 にウォーターフォール型の開発と理想的なアジャイル開発の品質マネジメントの相違をまとめました．

表 3.1　品質マネジメント方法の相違

開発方法	ウォーターフォール型の開発	理想的なアジャイル開発
工程	中間工程としての，複数種類の工程の積み重ね	唯一，反復という一種類のプロセスを繰り返し実行
工程の成果物	最終工程以外は中間成果物	最終成果物の一部（インクリメント）の積み重ね
開発中の品質	代用品質特性による推定	インクリメントの品質
妥当性確認（Validation）	最終工程として実施	原則的には，各反復内で実施

Q & A

Q18　アジャイル開発での品質マネジメントは簡単にできるか？

A18　アジャイル開発の品質マネジメントのモデルはシンプルですが，その実行は簡単ではありません．

　Q17 では，従来の中間工程を重ねてソフトウェアを開発する方法と，理想的なアジャイル開発での品質マネジメントの違いを明確にし，後者のほうがシンプルなモデルで説明できることを示しました．では「実際のアジャイル開発で品質マネジメントが簡単にできるか」といわれると，間違いなく簡単ではありません．理想としては，反復ごとに完成品としてのソフトウェアの一部分が最終品質で積み重なることが期待されています．しかし，実際には反復ごとの成果物であるインクリメントが期待した品質でない場合や，ある反復で計画どおりのバックログが解決していない場合もあります．このような理想と現実との乖離は，ソフトウェア工学の初期，ウォーターフォール型の開発で「段階的な詳細化を完璧に実施できれば，設計，コーディングだけでソフトウェアは完成し，テストは不要である」という論があったのと似たような状況です．アジャイル開発にはアジャイル開発としての品質マネジメントの難しさがあるのです．次項から品質マネジメントの具体的な課題と対策を説明します．

Q & A

Q19　アジャイル開発における現実的な品質マネジメントの全体像は？

A19　全体的には，ソフトウェア品質の計画，作り込み，最終確認と，従来のソフトウェア開発プロセスと同様の

流れです.

　現実のアジャイル開発では，単に各反復で不良を作り込まないといった理想的な取組みだけでなく，開発組織，開発チーム，開発プロジェクトという単位で，品質マネジメントの取組みが必要です．具体的には，開発するソフトウェアの品質を最終的に達成するために，最初に計画を行い，品質の状況を把握しながら制御および実行，すなわち品質の作り込みを行い，最終的に「所期の品質を達成したかどうか」を確認するといったプロセスを組織的に行うことが求められます．この大きな流れは，従来のソフトウェア開発と大きく変わりません．しかし，実際に実行する品質関連の施策は変わってきます．本項では，まず，アジャイル開発での品質マネジメントの全体像を表3.2で説明します．次項より，アジャイル開発での各品質施策について説明していきます．

表3.2　アジャイル開発の品質マネジメントの全体像

分類	実施時期[注]	品質施策
品質計画	スプリント0	品質関連ルールの策定
	スプリント0＋随時	品質バックログ策定
品質作り込み	各反復	品質バックログの進捗マネジメント
	各反復	技術的負債の管理
品質最終確認	エンドゲーム	妥当性確認（Validation）

　注）　実施時期の項目「スプリント0」「エンドゲーム」はQ36を参照してください．

Q & A

Q20　アジャイル開発における品質関連ルールとは？

A20 アジャイル開発においては，大きく「プロジェクト全体のルール」「反復のなかで使用するルール」「最終的にリリースするときに必要なルール」の３種類のルールがあります．

アジャイル開発における各種ルールは作業方法のルールというよりも「作業の結果としてしっかりしたものができたか」という観点を重視しています．しかし，品質マネジメントという立場では「どのように作業するか」というルールも重要になります．ここで，ウォーターフォール型開発でのルールとアジャイル開発でのルールは大きく異なります．ウォーターフォール型開発では，複数種類の工程を正しく実行することで段階的に品質を作り込んでいく方法を採用しています．この場合，プロジェクト基準とかプロジェクト規則とよばれるようなルールは工程ごとにそれぞれ違うものが作成されていました．例えば，機能レビューの基準であったり，コーディングルール基準であったり，テスト基準などは，それぞれ違うルールです．一方アジャイル開発では，単一種類の反復という工程を繰り返すことで高品質のソフトウェアを積み重ねていく方法です．つまり，プロジェクトの最初から最後まで一種類の工程(すなわち反復)に対してのルールがあれば原理的には十分ということになります．

実際のアジャイル開発を採用したプロジェクトでは，プロジェクト開始時および出荷時も含め，以下の３種類のルールを設定することが現実的です．

① 最初の反復(スプリント０とよぶ)で決めるプロジェクト全体のルール

② 通常の反復用のルール

③ 開発物を外部(組織内の他プロジェクトや組織外)にリリースする場合に対応できるルール

表3.3にアジャイル開発を採用時に決めておくべきルールの例を示します．このなかで反復の完了にかかわるルールについて，表3.4で詳細化しました．

表3.3および表3.4のようなルールは，原則として最初の反復「スプリント

表 3.3　アジャイル開発時の品質関連ルール(例)

分類	ルールの例
スプリント 0 の完了定義	「スクラムガイド」の各種役割の定義
	「スクラムガイド」の各種イベント，各種作成物の定義
	構成管理対象(ドキュメント，テスト，データ等も含めて)の特定
	反復の完了基準の決定
	技術的負債[2]に関連した基準(負債の計測方法，閾値を超過した場合の対応等)の決定
バックログ項目の完了定義	反復で実施するすべてのバックログ項目(スプリントバックログ)について完了の定義がある.
	バックログ項目に関する構成管理および品質管理上の要求を完成していること
反復で実施するイベントの定義	反復(スプリント)で実行するイベントを定義する.スプリント計画，デイリースクラム，スプリントレビュー，レトロスペクティブ等.
反復実行のルール	マスターリポジトリへのコミットされたソースコードは，レビュー，テスト済みであること
	反復における成果物はもれなくリポジトリにコミットしていること
	チームのベロシティの観測，評価
反復完了のルール	表 3.4 参照
プロジェクト外に提供に関するルール	品質保証観点での妥当性確認作業が完了している.
	(典型的な)顧客環境および顧客データを使用したテストを完了している
	セキュリティ観点でのテストが完了している
	ライセンスおよび特許等の問題がないことの確認ができている
	提供物がデータ保全されている
ポストモーテム	(失敗だけでなく，成功も含めた)プロジェクトレベルのふりかえり

表 3.4　反復の完了にかかわるルール（例）

分類	ルールの例
信頼性	未解決の不良が 0 件
	当該反復の開発部分でのリグレッションテストの不備なし
	潜在もしくは反復跨りの障害が発生した場合のリグレッションテスト完了
	単体テストレベルで命令網羅が 100%
	ユースケースごとの不良摘出目標値達成（機能要求に対応したバックログに対応して目標値を設定）
	リグレッションテストレベルで確保すべき命令網羅のパーセンテージ
	リグレッションテスト準備，実行，確認を含めて全自動化されていること
保守性	新規・変更のメソッド・関数の複雑度の上限
	新規・変更のメソッド・関数の最大ネストの上限
	新規・変更のメソッド・関数の実行文行数の上限
	クラスの実行文行数の上限
	クラス内の各メソッドの複雑度合計の上限
	UTF-8 以外のエンコードのソースコードなし
	テスト部分を除く最大のコードクローンのトークン数上限
	静的解析指摘のインシデントなし
	その他のプロジェクトのコーディング規約違反がないこと
	技術的負債の算出および上限値
	ディレクトリ構成およびファイル名等が実装規約どおりであること
	チケット管理システムおよびバージョン管理システム等の使用方法が正しいこと
作業関連	反復終了時に技術的負債を人時で算出していること
	レトロスペクティブで KPT が明確であること

0（ゼロ）」で決めておく必要があります．ただ，プロジェクトごとに毎回ゼロから作り上げる必然性はありません．組織で共通に決めているルールがあれば，それの最小限のカスタマイズで十分です．このルールのなかには少なくとも，同じチームの過去のプロジェクトのポストモーテム（プロジェクトレベルのふりかえり会議）の結果を反映した項目があることが望まれます．

　組織全体でルールを共有化することで，各プロジェクトにおける「スプリント0」での作業をより効率化できるとともに組織全体でのアジャイル開発の成熟度を把握できるようにもなります．また，この際に品質保証業務として組織全体でのルール作りや各プロジェクトにおける品質関連で完成の定義の策定に主体的な役割を負うことが期待できます．品質保証部門のアジャイル開発へのかかわり方は，第6章を参照してください．

Q & A

Q21 品質バックログおよび品質バックログ項目とは？

A21 アジャイル開発のプロダクトバックログの仕掛けを活用したソフトウェアの品質計画を可能にする仕掛けです．

　ウォーターフォール型開発の品質計画では，重要な外部品質特性に対して，できるだけ上流工程でその品質を向上させるような施策を計画していました．アジャイル開発の場合，上流・下流という概念はありません．しかし，ウォーターフォール型開発のときと同様に，できるだけ早い時期に「重要だと把握・定義された品質特性に関連して問題がないこと」を確認する必要があります．

　早期の品質特性確認を，実績のある仕掛けで達成するためのアジャイル開発における品質バックログの確認計画の概要を図3.2に示します．

　まず，スプリント0（最初の反復）で，重要な品質特性を，動作するソフト

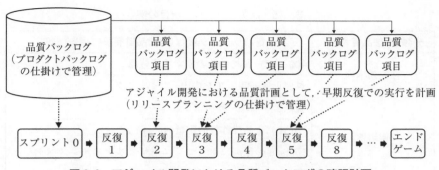

図 3.2　アジャイル開発における品質バックログの確認計画

ウェアを使って確認する作業に変換し，それらをバックログに登録します．登録された品質関連のバックログを本書では「品質バックログ」とよび，そのなかの個々の項目（品質を確認する作業に相当）を「品質バックログ項目」とよびます．個々の品質バックログ項目に対しては，スプリント 0 の時点で品質バックログ項目のスケジューリングをします．アジャイル開発にはリリース計画の仕掛けがあるため，この仕掛けを使って「どの反復で品質バックログ項目を消化するのか」を設定するということです．

　品質バックログの項目は，ユーザーストーリーやソフトウェアの機能そのものではありませんが，ソフトウェア開発のどこかで確認が必要な項目です．機能以外の品質特性の確認を適時に行わず，ソフトウェア開発の最後で問題になることは従来の開発方法でもアジャイル開発でも同様に発生する問題です．そのように，本来，開発の早期に行うべき作業をアジャイル開発の仕掛けを活用してマネジメントすることが品質バックログにより可能になります．

　品質バックログ項目は，開発するソフトウェアやプロジェクトによって固有の項目です．ただし，信頼性や使用性などの外部品質特性によって，ある程度共通的な品質バックログ項目はあります．表 3.5 にアジャイル開発で典型的に表れるような品質バックログ項目の例を挙げました．

　ここで，品質バックログや確認計画は，品質マネジメント専用の DB や管理表などを用意するのではなく，アジャイル開発で通常使用しているバックログ

表 3.5　品質バックログ項目の例

分類（外部品質特性）	品質バックログ項目（内部品質要求に相当）の例
性能効率性	100万データ格納時の検索性能確認
	無停止運転時のメモリリークチェック
使用性	疑似エンドユーザーによるユーザーテスト
	NEM による操作性の定量的評価
	Nielsen の原則にもとづくユーザビリティインスペクション
保守性	POSA のパイプ＆フィルタパターンによる実装評価
	アーキテクチャー専門家によるアーキテクチャーレビューの実施
セキュリティ	ツールを使用したライセンス上問題のあるソフトウェアの混入チェック
	ツールを使った脆弱性チェック
信頼性	ユーザー環境のシミュレーション環境によるテスト
	実環境ログを使ったオペレーショナルプロファイルテスト

管理を使います．すなわち，品質バックログ項目の実態は，プロダクトバックログ項目の一つであり，他の種類のバックログとともにプロダクトバックログのルールで管理します．また，品質バックログ項目と反復との対応づけも，リリース計画の仕掛けを使います．品質バックログ項目に関しては，直接顧客に提供されるものではありませんが，できるだけ早期に品質の妥当性を確認する観点から具体的な月日（期限）を設定して管理するとよいでしょう．

Q & A

Q22　アジャイル開発における品質作り込みおよび管理とは？

A22 品質関連のルールと品質バックログを含めたプロダクトバックログの進捗状況から，ソフトウェア開発途中の品質の作り込みおよび管理が可能になります．

　アジャイル開発における品質作り込みとは，「品質計画で計画した各種のルールどおりに開発を進めること」および「プロダクトバックログの各項目をスケジュールどおりに完了したことを確認すること」です．この品質作り込み時点で課題になるのは以下の3つのケースであり，以下それぞれの課題と管理の仕掛けについて解説します．

- 各反復での成果物（インクリメント）が不完全な場合
- 品質バックログ項目消化のスケジュールが遅延する場合
- 開発作業を進めている最中に新たな品質バックログ項目の設定が必要になった場合

(1) 各反復でのインクリメントが不完全な場合

　「インクリメントが不完全」とは，「その反復で当初消化を予定したプロダクトバックログ項目の完了基準を満足することができない場合」と，「反復での作業やバックログ項目の確認はできたはずだったのに，後の反復になって実は完了していないことがわかった場合」です．後者のよくある例としては，「ある反復で作り込んだ不良を当該の反復で摘出できず，後の反復で摘出するような場合」が挙げられます．

　前者の問題は，単にそのプロダクトバックログが未消化ということになり，プロダクトバックログの価値の管理やバーンダウン等の管理でプロジェクト全体の進捗を管理します．後者の問題は，当該の反復では検出できず，後の反復になって問題が発覚するという部分が大きな問題になります．アジャイル開発においては，ある反復で不良やその他の品質の問題を検出した場合，「当該の反復で作り込んだ不良などの問題に対処する場合」と「当該の反復よりも前に作り込んだ問題に対処する場合」では対応を変えることが重要です．特に，後

者の問題は「"反復ごとに開発を完成させる"というアジャイル開発の原則を
守れなかったこと」を意味しているため，当初に決めた完了基準等の見直しも
含めて検討し直す必要があります．作り込んだ反復ごとの対策例を**表3.6**で説
明します．

　表3.6の不良のマネジメント例は，アジャイル開発の原則にもとづいた場合
の例です．例えば，反復内で作り込み，かつ対策された不良数を計測しないと
いうのは，アジャイル開発の原則に照らせば間違っていません．しかし，実際
のソフトウェア開発の現場で，「反復での不良の摘出数と最終的なインクリメ
ントに明確な対応関係がある」とわかった場合，反復での不良数などを「絶対
に管理してはいけない」とはいえないでしょう．特に反復での開発作業が高度
に標準化されているような組織においては，「どの程度の不良が作り込まれる
か」という部分も管理対象にできる可能性はあります．その場合でも，単に
「従来から管理していたのでアジャイル開発でも管理する」という理由ではな
く，「アジャイル開発でも，このような理屈で管理が必要」と開発者が納得す
るような理由づけをすることが重要です．

表3.6　過去の反復で作り込んだ不良の対応例

作り込んだ反復	対応例
当該の反復	反復内に閉じた不良はアジャイルの原則に反していない．当該反復で作り込まれ修正確認された不良は管理せず，不良数等も管理しない．
直前の反復	作り込んだ反復がアジャイルの原則に反している．作り込んだ反復のバックログの完成の定義(DoD)の見直し，リグレッションテストの追加等が必要．作り込み反復以外の反復は，問題ないので，作り込みが直前か，2つ以上前かは区別しない．
2つ以上前の反復	
別プロジェクト（前バージョン）	同じ開発チームのプロジェクトの場合，同一プロジェクトと同じ対策が必要．導入ソフトウェアの場合，導入プロセスの見直しや，リグレッションテストの追加などが必要．

(2)　品質バックログ消化のスケジュールが遅延する場合

つまり，「もともとのスケジュールどおりに品質バックログ項目が実行できない場合」です．この管理には，アジャイル開発でのプロダクトバックログのバーンダウンの仕掛けを活用できます．すなわち，プロダクトバックログ内の品質バックログ項目に閉じたバーンダウンチャートを記述することで品質計画に対応した実績が可視化されます．さらに品質バックログには，予定の期日が入っているため，計画時のバーンダウンの予定とバーンダウンの実績を比較することで品質関連の進捗状況や，今後のスケジュールの管理も可能になります．

例えば，表3.7のような品質バックログがあった場合，どのように進捗を管理するのかを図3.3のグラフを用いて説明します．まず，品質バックログ項目のQB1，QB2はともに，反復2で消化するように計画されており，実績でも反復2で消化されています．この時点では，品質バックログの観点でも遅れはありません．予定では，反復3でQB3を消化する予定でしたが，実績では消化されておらず，予定に遅れがあることを観測できます．

表3.7　品質バックログの例

ID	品質バックログ項目	ストーリーポイント	計画反復	実績反復
QB1	パイプパターンで実装できることの確認	30	2	2
QB2	メインメニューの操作性確認	20	2	2
QB3	使用するライブラリのメモリリークチェック	20	3	4
QB4	サブメニューBの操作性確認	10	4	4
QB5	ユーザー数1000のときの性能確認	10	5	
QB6	セキュリティチェックツールによる確認	10	6	

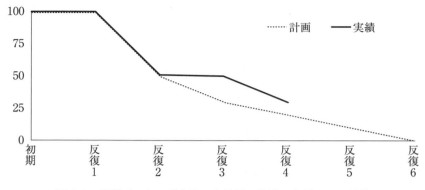

図3.3　品質バックログを用いた品質の進捗マネジメント(例)

(3)　開発作業を進めている最中に新たな品質バックログ項目の設定が必要になった場合

　これは，例えば，「途中まで開発してから全体的なアーキテクチャーを見直さなければならなくなった」「エンドユーザーに対する操作性を評価した結果，操作性の改善および操作性の再評価が必要になった」というような場合です．このときは，反復のなかのスプリントレビューまたはレトロスペクティブの結果も含め，品質バックログのなかに新たに品質バックログ項目を追加する必要があります．また，反復的に開発を積み重ねた結果，ソースコードが複雑になって，(不良があるわけではないが)保守性が落ちて，リファクタリングが必要になる場合も相当します．このような保守性の問題はアジャイル開発では技術的負債(technical debt)または設計負債(design debt)とよばれています．

　ここで，「品質バックログ項目としてリファクタリング作業を入れることが必要になる技術的負債の基準」については，開発チームとしてルール化が必要です．具体的に説明します．一般に技術的負債は人日または人時の単位で計測できます．例えば，ある時点での技術的負債が0.5人日程度の場合は品質バックログにはせず，必要に応じてスプリントバックログとして対策します．技術的負債が山積し，例えば，5人日以上になるようなことがあれば，これは，技術的負債としてではなく，品質バックログ項目としてプロダクトバックログに

登録するような運用とします．品質バックログ項目には期限を入れ，どの反復までに現状の技術的負債を解消できるかもマネジメントできるようにします．

　以上，3つの課題いずれに対しても，アジャイル開発のもともと備わっている仕掛けを活用することによって，品質マネジメントにかかわる負荷を最小限にしたうえで，その効果を最大限にすることが可能になります．

完了基準を満たせばバックログ項目は終了か？

　反復ごとに利用者やステークホルダーの観点で妥当性確認できることが，本書ではアジャイル開発の原則の一つだと説明しています．しかし，ここで一つ大きな問題があります．スクラムガイドにおいては，あるプロダクトバックログ項目が完了するかどうかの基準は，「スプリントレビューの結果」ではなく，「もともと示されているプロダクトバックログ項目の「完成の定義（Definition of Done：DoD）」という完了基準を満たしているか否か」なのです．この場合，スプリントレビューで，プロダクトオーナーやステークホルダーから実際の実装に対する注文があったとしても，それは，改善のコメントとして扱われ，対策されるとしても次の反復以降になります．これは，本来の「妥当性確認（Validation）」という意味からはかけ離れている運用といわざるを得ません．特に，そのインクリメントがユーザーにリリースされるような反復（リリーススプリント）に対して，プロダクトオーナーやステークホルダーの最終確認を経ずしてリリースされるということは実運用ではあり得ないでしょう．アジャイル開発の原則から少しかけ離れていることは承知のうえで，品質マネジメントという観点では，最終的にその実装でリリースできるか否かという権限はプロダクトオーナーがもつべきだと筆者は考えています．

Q & A

Q23　アジャイル開発における保守性および移植性はなぜ問題か？

A23　短期間の反復で完成品を積み上げていくアジャイル開発では，ソフトウェア品質特性のなかでも保守性，移植性が重要になります．これらの品質特性が満足できないソフトウェアはアジャイル開発を適用できません．

　ソフトウェアが使い捨てであれば，保守性や移植性は重要ではありません．しかし，ソフトウェアの初期コーディング後，長期間にわたり，多くの機能の追加や改造がなされ，最初に動いていた目的以外にも使われるようになるならば，保守性や移植性は他の品質特性と同様またはそれ以上に重要になってきます．それにもかかわらず，ソフトウェア開発では，これまで必ずしも重要視されてこなかった現実があります．つまり，「将来，簡単に機能追加ができない」「すぐに不良を作り込む」「他のハードウェアやOSへの移植が困難である」というソフトウェアへの警戒心が弱かったのです．そもそも機能が貧弱すぎるソフトウェアは企画されないし，不良が多すぎるソフトウェアがリリースされることはあり得ません．それなのに，「5年後，10年後に機能追加が困難で他社優位を築けず，いくら品質向上しても不良がとりきれないようなソフトウェア」のリリースを阻止する手段をもたず，作り出しやすい環境だったのです．

　この問題は，従来のウォーターフォール型の開発でもアジャイル開発でも同様です．特に，アジャイル開発においては，頻繁に機能を追加，変更されるため，ソースコードを対象とした自動的な静的解析によるソフトウェア設計およびコーディングレベルの保守性や移植性のチェックが重要になってきています．静的解析による保守性や移植性の主なチェック観点について表3.8に示します．

　これらのチェック観点は，品質保証対象のソフトウェアの種類によって変わ

表 3.8　静的解析による保守性や移植性の主なチェック観点

分類	チェック観点	説明
設計品質	循環参照チェック	ポインター等の参照が循環していないか．POSA のレイヤパターンからの逸脱化，メモリーリーク等のチェック．
	凝集度チェック	クラスのなかの凝集度チェック．LCOM2 等．
	クラスの複雑度	クラスのサイクロマティック複雑度．
	リソース管理	リソースの解放漏れチェック．
ソースコード品質	メソッド，関数の複雑度	メソッドや，関数のサイクロマティック複雑度．
	クローン	ソースコードの不必要な重複．
	コメント	標準的なコメントかどうかのチェック．コメント密度等．
	最大ネスト	条件文，繰り返し文の最大ネスト．
	実行文の行数	一つのメソッド，関数の実行文の行数．
	コーディング規格準拠	業界標準（MISRA-C 等），各言語に対応したコーディングガイド等．
	移植性	OS 規格，言語規格準拠．

ります．これまで，保守性や移植性という観点から静的解析を実施していなかった組織は，以下のような手順で適用を推進するとよいでしょう．

　まず，良いソースコードをコーディングするための原則を開発者に周知させます．記述するプログラミング言語によって参考にすべき原則は異なりますので，組織または開発プロジェクトでどの原則を使うかを決定します．続いて，静的解析ツールを用いて，自分の開発しているソフトウェアのソースコードの実態を知ります．ここで，静的解析ツールにもいろいろな種類があります．なかには，不良摘出に特化したツールもありますし，「セキュリティや不適当な知的財産が混入していないか」をチェックするようなものもあります．保守性

や移植性を確保するという観点で使用したいのは，ソースコードを理解するうえで重要な情報を抽出し，ソースコードの保守性や移植性を評価するようなツールです．

　自分のコードの実態がわかったら，自分のソフトウェアの課題に対応したソースコードの保守性が上がるような施策を実行します．保守性や移植性を考えずに，長い期間保守しているようなソースコードの場合，保守性が悪く，機械的な対応では保守性が良くならない場合も少なくありません．このような場合に，拙速にソースコードを大変更してしまうと保守性は上がるものの，不良を作り込んでしまう危険性も高くなります．このため，ある程度，中長期的な方針を立てて，ソースコードの改善を進めていく必要があります．段階的にソースコードを複数回に分けて改善していく場合，デグレードを発生させるリスクが増加します．このため，コードに対するテストが自動実行，自動確認ができるようになっているとよいでしょう．

Q & A

Q24　短期間の反復で完璧な品質を積み重ねられるのか？

A24　簡単ではありません．「品質の高いインクリメント」「自動化されたテスト」「対象のソフトウェアを熟知した開発者」のどれもが不可欠だからです．

　コーディングを積み重ねるのは比較的簡単です．また，積み重ねた部分のみの信頼性や他の品質特性を保証していくことも従来の施策の延長で難しくはないでしょう．しかし，成果物全体が高い信頼性を確保したまま，反復開発を長い間積み重ねることは簡単ではありません．品質の高いコードを常に積み重ねていく必要があり，一時的にでも不完全なものを作ってしまい「後で，何とか

する」という機会はありません.

　インクリメントとは,その反復での開発部分だけでなく,その反復の結果として得られたソフトウェア全体を指します.このインクリメントの品質を保証しながら長期間にわたって開発を続けるためには,十分なテストおよびその自動化が必要不可欠な技術となります.一般に,テスト自動化は,テスト作業の効率化がその目的だと思われていますが,アジャイル開発では,それ以上に大きな意味をもっています.すなわち,「過去の作り込み部分に対する自動化されたテスト」の有無によって,その後の機能追加への対応が大きく異なってくるのです.「過去の機能がデグレードしないことを保証できる自動テストがあること」で,より積極的に新しい機能を作り込むことができます.その一方で,手動テストもある場合には,新しい機能の作り込みに躊躇する場合が多くなってしまいます.

　この継続的なテスト自動化を実現するためには反復ごとにコードとテストが同時に積み上がっていく必要があります.W字モデルの場合,設計と設計に対応するテスト設計は同期されますが,実際のテスト実行までに間が空くという問題があります.アジャイル開発では,設計および,テスト設計〜テスト実行までをコンパクトに実行する必要があります.アジャイル開発でテスト設計をどのように実行するとよいかはQ27を参考にしてください.

　作業方法をコンパクトにすることも重要ですが,それ以前に開発するソフトウェア自体が高い凝集度かつ低い結合度であることも必要でしょう.信頼性の高いフレームワークを前提として,そこに新たな機能を付け加えるようなソフトウェア開発にアジャイル開発は向いています.一方,少しの機能を追加するにも,いろいろな部分の変更を検討し,実際に多くの箇所の追加や修正が必要になるようなソフトウェアは,そもそもアジャイル開発には向いていません.

　開発体制という観点では,開発するソフトウェア(正確には,開発するときに参照するライブラリなどを含めて)を開発者がよく知っていることが前提です.反復での作業見積もりと実績で大きな乖離が発生するような場合,単に見積りのミスという観点だけでなく,開発対象のソフトウェアについて十分な理

解があるか否かもチェックが必要でしょう.

「短期間の反復の結果が完璧かどうか」という問いに対して, もう一点, 難しい点は,「その反復の完了時点で全体の品質が確認できているのかどうか」が見えない場合が多いということです. その反復完了時点では「全部確認済みのはず」と思っても, 実は確認漏れがあったことが後の反復で顕在化することが少なくありません. このようなときのマネジメント方法は, Q22 を参照してください.

Q & A

Q25　従来の品質メトリクスはどのように使うのか？

A25　従来の品質メトリクスの多くは, 最終品質に対する代用特性のメトリクスであり純粋なアジャイル開発では不要です.

これまでの多くのソフトウェア開発で実績のある品質メトリクス(レビュー指摘数, 各工程での摘出バグ数, バグ密度など)があり, これをアジャイル開発でも適用したいというニーズは強くあります. 最初に述べたとおり, これらのメトリクスの多くは(純粋な)アジャイル開発では不要です. ただ, **第5章**で述べるように, 純粋なアジャイル開発だけでなく, 応用的な反復開発では必要な場合があります. 本項では, 純粋なアジャイル開発でこれまでの品質メトリクスを使う場面が少なくなる理由について解説します.

これまでの品質メトリクス, 例えば中間工程でのバグ数は, 開発するソフトウェアの最終品質という結果指標ではなく, それを推定するための推進指標の位置づけです. 例えば, コーディング工程で大量の不良(バグ)が発見された場合は,「(それらのバグを対策したとしても)開発された最終成果物としてのソ

フトウェアも多くのバグが残るだろう」と，過去の多くのソフトウェア開発事例から推定できます．この場合，コーディング工程でのバグ数をそのソフトウェア品質の代用特性として管理し，高品質のソフトウェア全体を実際に動かすことなくコーディング工程で品質を推定することができます．すなわち，これまでの多くのソフトウェア開発メトリクスは，「品質の代用特性で，かつ推進指標」ということを理解する必要があります．

　一方，アジャイル開発は，中間過程としての工程を積み重ねるソフトウェア開発方法ではなく，一つひとつのプロセス（反復）で動作可能かつ信頼性の高いソフトウェアを積み重ねていく開発方法です．すなわち，バグの有無という観点では，一つひとつの反復の成果物（インクリメント）が，中間成果物ではなく，最終成果物の一部となります．これまでの「不完全なものを中間過程で作り，代用特性によって品質を確保する」という品質管理手法ではなく，「一つひとつの反復による最終的な結果指標で品質を確認していく」品質管理手法ともいえます．

　このときに，「従来まで実施していた品質メトリクスによる管理手法を継続することが有効かどうか」が問題になります．作業的には，一つひとつの反復のなかでウォーターフォール型の開発のような管理をすることも可能でしょう．しかし，そのような代用特性による管理は，その管理コストと効果をよく考えて厳選する必要があります．単に，これまでやっていたから継続するというアプローチではなく，本当に必要かどうかを吟味したうえで実行するようにしましょう．

　これまでの品質管理に対するマインドのうち，「できるだけ早期に品質を確保しよう」というものはどのようなソフトウェア開発プロセスでも重要です．しかし，最終成果物ではない中間過程の成果物に対して代用特性で品質を確保するというマインドはアジャイル開発では考え直したほうがよいでしょう．中間過程よりも最終成果物の確認のほうが重要で，それを従来の開発方法よりも抜本的に早期に確認するのがアジャイル開発を採用する重要な理由の一つだからです．

TODO コメント大量発生！

　ある反復のインクリメントで，「今はできていないが，後で追加する」という意味のコメント(TODO コメント)がソースコードにあるような場合，それは正しいのでしょうか．インクリメントはリリース可能な最終製品の一部分ですので，原則的には，TODO はないに越したことはありません．筆者の経験で大量な TODO コメントが発生した場合があり，その内容を吟味したことがあります．TODO と書かれているコードを精査すると大きく2つの意味があることがわかります．

　一つ目は，純粋にその反復で完了すべきことができていないというようなケースです．これは，アジャイル開発のインクリメントとして本来あってはいけないコードです．

　二つ目は，将来的なユーザーストーリーで，追加される予定の部分を先取りしてコーディングするような部分です．例えば，将来的には，条件により2つの処理を分けて実装するような場合，ある反復でそのうち，1つの処理を実装する際に，2つの処理を振り分ける条件文は記述しておき，実装していないほうの処理の部分に，TODO を入れるような場合です．このケースも，アジャイル開発の原則の一つである YAGNI の原則に従えば，条件文を入れるのは，二つ目の処理を実装するときであり，最初の処理を実装するときにはその条件文を入れてはいけないのが原則です．ただし，その場合でも後で確実に条件文と他の処理を入れるようなバックログ項目がある場合，筆者は，「最初の処理を実装時に，TODO コメントを入れておいたほうが，後で誤りが入り込む危険性が下がるのではないか」と考えています．

Q & A

Q26 アジャイル開発の短い反復でどのように
レビューをするのか？

A26 アジャイル開発であっても，レビューは重要です．設
計レベルのレビューや実装レベルのレビューをアジャ
イル開発のなかに組み込む必要があります．

　設計レベルのレビューはプロダクトバックログのリファインメントの機会に
行い，実装レベルのレビューは反復のなかの開発作業で実施するのがよいで
しょう．以下，アジャイル開発におけるレビューの考え方と課題を述べ，組織
的にどのようにレビューを行っていけばよいかを説明します．

　アジャイルの原則に従えば，まず局所最適化であれ反復のなかで実装してみ
て，それを評価することにより進化的に良い設計にしていくという戦略もあり
得ます．すなわち，設計レベルのレビューは行わず実装レベルで評価改善する
方法です．しかし，現実のソフトウェア開発では一回実装したものを根本から
作り変えるのは事実上難しい場合もあります．また，そもそも実装しなくても，
識者の眼から見れば良い設計か悪い設計かというのは一目瞭然という場合もあ
るでしょう．そういったときに，しなくてもよい試行錯誤をするのは時間の無
駄以外の何物でもありません．

　一方，2週間程度といった短い期間の反復で，大きなレベルの設計レビュー
を行うことも現実的ではありません．また，大きな設計レビューには，開発
チームの開発者だけでなく，他のステークホルダーや，レビュー対象に対して
深い知見のある技術者を参加させたい場合もあるでしょう．そのようなレ
ビューを短い反復期間に組み込むことも容易ではありません．

　このため，アジャイル開発でのレビューは，以下の2つの方針で推進するの
がよいでしょう．一つ目は，アーキテクチャーなどソフトウェアのライフサイ

クルレベルで影響がありそうな大きな設計へのレビューと，各反復のなかで閉じるような小さな設計やコーディングへのレビューに分けることです．二つ目は，反復内で行うレビューと反復前に行うレビューを明確に分離することです．大きな設計に対するレビューは，プロダクトバックログと括り付け，反復の外というか，反復に入る前に開発チーム内外のステークホルダーとレビューを実施するのがよいでしょう．プロダクトバックログのリファインメントの機会に行うのがよいかもしれません．反復のなかで閉じるような小さな設計やコーディングに対するレビューは，反復のなかで反復に対するルールの下で実施します．

Q & A

Q27　アジャイル開発におけるソフトウェアテストプロセスとは？

A27　アジャイル開発だからソフトウェアテストプロセスがないということはありません．アジャイル開発の仕掛けを使い，整然としたソフトウェアテストプロセスを実行することが重要です．

(1)　テストプロセスとは

　「ソフトウェア開発時，どのようなソフトウェア開発プロセスを採用するか」とは独立に，開発するソフトウェアのテスト(testing)は，**図3.4**のようなプロセスを必要とします[1]．

　テスト計画では，全体のテスト戦略やテストスケジュールを策定します．テスト分析では，テストの元(テストベース)となる要求や設計関連の文書を分析したり，テスト容易性などを評価します．テスト設計では，テスト分析結果によって適切なテストモデリング技法を選び，テスト項目を作成します．最後に，

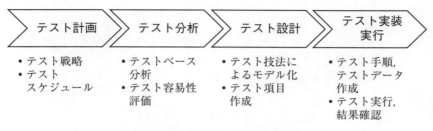

図 3.4　一般的なテストプロセス

テストの実装としてテスト手順，テストデータを作成し，作成したテストを実行し，結果を確認するという手順です．

(2)　ウォーターフォール型の開発におけるテストプロセス

　従来のウォーターフォール型の開発での V 字モデルを採用している多くのプロジェクトでは，プロジェクト計画時に，テスト計画を実施し，その他の作業は右側のテスト関連の各工程で実施しているでしょう（図 3.5）．

　ただ，ウォーターフォール型の開発であっても，テストプロセスを V 字モデルの右側だけで実行するのではなく，テストプロセスを分割し，V 字モデルの左側の設計工程でテスト分析，テスト設計を実施し，設計段階でテスト容易性のチェックなどもできるような W 字モデル[2]が使われるようになってきました（図 3.6）．

(3)　アジャイル開発におけるテストプロセス

　一方，アジャイル開発においては，設計とテストは反復という短期間のプロセス単位のなかで実行されるため，ウォーターフォール型の V 字モデルのときに見られた，設計とテストの分離という問題はありません．また，テストプロセスのうち，全体のテスト計画は，スプリント 0 で行うことが可能です．したがって，テスト分析からテスト実行に至るテストプロセスは，反復のなかで実施する方法があります（図 3.7）．

　小規模なソフトウェア開発の場合は，図 3.7 のように，一つの反復のなかで

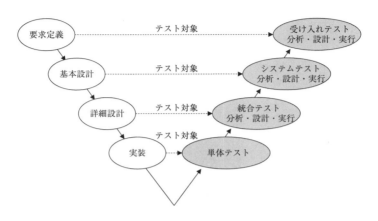

図 3.5　V 字モデルでのテストプロセス

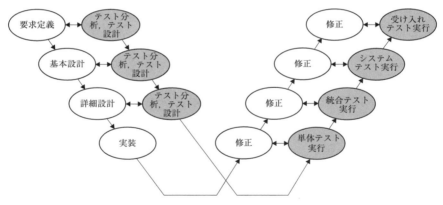

図 3.6　W 字モデルでのテストプロセス

図 3.7　アジャイル開発の反復内ですべてのテストプロセスを実施する例

テスト分析から設計，実行まで実施できる場合もあるでしょう．しかし，比較的大規模なソフトウェア開発の場合は，1反復という短期間で，本来必要なテストプロセスが実行できるか否かが大きな課題となります．例えば，一つの反復のなかで，対応するプロダクトバックログのテスト分析，設計，実行を行うことは，時間的に現実的ではない場合が多いでしょう．

　この問題を解決するためには，V字モデルにおけるテストプロセスの課題を解決しているW字モデルの発想が役に立ちます．すなわち，テストプロセスを分割し，プロダクトオーナー側が担当するテスト分析および，テスト設計の上流部分と，開発チームが担当するテストの詳細設計と実装および実行の部分に分け，パイプライン的にテストプロセスを実行する方法です（図3.8）．このとき，プロダクトオーナーは，個々のプロダクトバックログ項目に対して，これらのテスト作業とともに，テストに関連した「完成の定義（Definition of Done）」も開発チームに与えます．このように，テストプロセスを，アジャイル開発のプロセスに実装することにより，固定期間で反復を繰り返すというアジャイル開発の原則を崩さずに，全体の開発プロセスのなかにテストプロセスを組み込むことが可能になります．

　このプロセスを実行しようとした場合，（実際問題として）プロダクトオーナーという個人が，テストの上流作業をすべて行うことは難しいでしょう．テスターや品質保証のグループがプロダクトオーナーと連携して，この作業を担

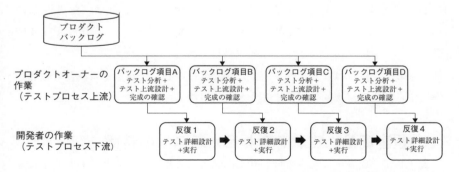

図3.8　上流テストプロセスをプロダクトバックログ項目の属性とする例

当することも検討に値します.

Q & A

Q28 アジャイル開発で妥当性確認（Validation）はできるのか？

A28 はい．アジャイル開発の各反復で妥当性を確認します．本項では顧客満足に焦点を合わせたテストの特徴を解説し，このテストを，アジャイル開発でどのように実施するかを説明します．

　一言でテストといっても，「ユーザーストーリーの実行範囲でバグがない」というレベルのテストと，「実際に，開発したソフトウェアをリリースしたときの顧客が満足するか否か」というレベルのテストでは大きく異なります．テスト対象の不良を見つけ品質を評価するという観点では，この両方とも同様です．しかし，顧客に対する品質保証という観点では，「より顧客の満足度に焦点を合わせた活動にする」という点が大きく異なってきます．

　従来の工程を積み重ねるような開発方法の場合，まず，前者のテストを十分に行った後に，後者のテストを品質保証のテスト，または，妥当性確認（Validation）という名前で実施する場合が大多数でした．一方，アジャイル開発では，一つの反復のなかで，その成果物であるインクリメントがリリース可能なものでなければなりません．これができないと，アジャイル開発で顧客が満足する製品を反復的に開発することが不可能になります．

(1)　顧客満足に焦点を合わせたテストの特徴

　表3.9に「成果物に焦点を合わせた開発者によるテスト」と「顧客満足に焦点を合わせたテスト」との違いを説明しました．

表 3.9 顧客満足に焦点を合わせたテストの特徴

比較項目	成果物に焦点を合わせたテスト	顧客満足に焦点を合わせたテスト
着目点	テスト対象ソフトウェアの品質	フィールドでの品質
品質特性	製品品質特性(外部/内部品質特性)	利用時の品質特性＋製品の外部品質特性
網羅の尺度	機能，実装の網羅性	フィールドでの顧客の構成や使用方法の網羅
管理対象	不良数，不良密度等	左記に加え，事故／故障数，稼働率(可用性)，MDT，MTBF 等

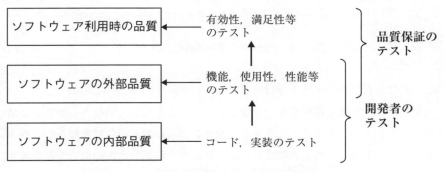

図 3.9　品質保証観点のテストの位置づけ

開発者によるテストの対象は，製品としてのソフトウェアの内部品質および外部品質です．これに対して品質保証のテストは，その製品がフィールドに出て使用されたときの品質です．この関係を SQuaRE[1]の品質モデルでは**図 3.9** のように示しています．

　開発者のテストは，ソフトウェア製品の内部品質および外部品質に着目し，そのコード等の実装に着目したテストや機能，使用性，性能といった外部から見えるソフトウェア要求にもとづく品質特性に着目したテストを行います．これに対して，品質保証のテストでは，フィールドでの顧客に対する有効性や満足性といった利用時の品質(詳細は**図 3.10** 参照)に関するテストとそれに対応

出典)　情報処理推進機構(IPA)技術本部　ソフトウェア高信頼化センター(SEC):『つな
がる世界のソフトウェア品質ガイド』, p.30, 図 2.3-4(JIS X 25010:2013(ISO/IEC
25010:2011)にもとづき IPA が作成)(https://www.ipa.go.jp/sec/publish/20150529.
html)

図 3.10　SQuaRE の利用時の品質モデル

した外部品質特性のテストを行います.

　テストの十分度や網羅性という観点で考えたときにも, 開発者のテストと品
質保証としてのテストは異なります. 開発者による製品の品質確保という観点
では, ソフトウェア製品の実装レベルの網羅性や機能レベルの網羅性が重視さ
れます. これは, テスト技法でいうところの実装レベルの命令網羅, 分岐網羅
から機能網羅, 状態網羅といった手法やメトリクスです. その一方で, 顧客満
足をめざした品質保証としてのテストでは, 「実際のフィールドでそのソフト
ウェアがどのように使われるか」に着目して網羅性を測定することが重要にな
ります. 例えば, 実際にフィールドで稼働している顧客のシステム構成の十分
度や顧客の運用方法, 顧客のユースケースシナリオレベルでの十分度について
測定します. このため, テスト環境やテスト観点, テストケースという各面に
おいて, フィールドでの顧客の環境や使用方法をできるだけシミュレートした
うえで, それに従ってテストを行い, 「そこで摘出された不良がどの程度, 顧
客に影響を与えるのか」を考慮して, テスト対象のソフトウェアの利用時品質
を評価します.

　ここまでの説明は，ウォーターフォール型の開発でも，アジャイル開発でも同様の話です．次にアジャイル開発において，どのように妥当性確認のテスト観点を立て，「どのような環境で，どのように実行していくか」を説明します．

(2)　アジャイル開発での妥当性確認

　ソフトウェア品質保証では，そのソフトウェアの利用時品質から，ソフトウェアおよびその機能やコンポーネントの外部品質特性を導出します．ソフトウェアテストでも，導出されたソフトウェアまたは，その機能やコンポーネントごとに外部品質特性ごとのテスト観点を記述します．ここで，これらについて作成したテスト観点表の例を表3.10として示します．

　表3.10では，品質主特性までしか展開していませんが，活用に当たっては副特性まで分解できるとより網羅的になります．また，表3.10のすべてのセル，すなわち，コンポーネントごとに，すべての外部品質特性に関してテスト観点を記述するのではなく，開発するソフトウェアにとって重要な外部品質特性を特定し，それについて対応したテスト観点を入れていきます．

　テストに対するレビューは一般的に簡単ではありません．特に他人の作ったテストをレビューする場合，その意図や網羅性などについて判断がつかないことが少なくありません．このとき，テスト観点表を使って観点レベルでレビューすれば，品質特性レベルでのテストの目的が理解しやすくなり，また，

表3.10　テスト観点表(例)

品質特性／ユーザーストーリー	機能適合性	性能効率性	互換性	使用性	信頼性	セキュリティ	保守性	移植性
ユーザーストーリー 1								
ユーザーストーリー 2								
ユーザーストーリー 3								
ユーザーストーリー 4								

抜けに気づきやすくなります．顧客からテストを委託されているケースでも，観点レベルでの網羅性の説明に役に立つことが多いでしょう．

(3)　品質保証観点テストでの主な施策

　品質保証観点テストを考える場合，単に「システムダウンのような極度の不満足が発生しない」というレベルの話も重要です．しかし，「もともとソフトウェアに期待していた役割が実際の業務でどの程度遂行できるのか」というレベルの話，さらには，「期待していなかったが結果として満足した」というレベルの話を抜きにしては，十分な品質保証とはいえません．

　本項では，前項で解説したソフトウェア品質保証テスト技術の特徴を実現するのに必要となる主な施策の概略とアジャイル開発での適用方法を説明します．

1)　顧客環境を意識したテスト環境

　実際に事故が発生してしまった場合，製品側の仕様や実装ではなく，顧客側の使用方法に沿ってテストしていないことを反省する必要があります．

　従来のウォーターフォール型の開発では，このような環境を利用するのは最終的なソフトウェア出荷前のみでしたが，アジャイル開発においては各反復での開発環境に顧客環境を意識したテスト環境を組み込むとよいでしょう．

　このテスト環境は一回構築して終わりではなく継続的な改善が必要です．昨今では顧客のシステム構成や運用，操作履歴などがログやトレースという形で入手できる機会が増えています．これらのデータを活用し，「テスト環境がフィールドでの現実から乖離していないか」を随時チェックしてテスト環境に反映していくのがよいでしょう．

2)　ソフトウェア品質保証観点の組合せテストの自働化

　従来の組合せテストは，仕様書に書かれている機能や，環境を因子としてその組合せを網羅するようにテストを設計し，その数が膨大になる場合には一様にテストを間引くように考えられています．

　一方，品質保証の観点では，テストの因子は顧客の運用方法や運用環境となります．それらに対するテストも，不特定顧客を考慮すると膨大になります．しかし，その場合でも，一様にテストを間引くのではなく，フィールドでの使用頻度や問題が発生したときのインパクトなどを考慮して，テストの優先度をつけていくことが重要になってきます．

　組合せテストには，「（機能を因子にしても顧客の使用方法を因子にしても）すべての組合せを網羅しようとすると膨大なテスト数になり実行およびその確認に時間がかかる」という問題があります．アジャイル開発の場合，各反復のインクリメントがリリース品質であることを確認するために組合せテストを実行する必要があり，「短い反復期間でどのように組合せテストを必要十分に実行するか」が課題になります．

　この課題に対応する解はテストの自動化です．

　従来のテストの自動化は「繰り返し作業を効率化する」「複雑な作業を省力化する」というコスト削減や，人間の曖昧さ（ミス，判断のぶれ，属人的な偏り）の削減がその主な効果といわれてきました．確かにこれらもテスト自動化の重要な効果ですが，品質保証の観点からは「"テストの十分度"を向上させること」がより重要な効果となります．つまり，アジャイル開発におけるテスト自動化は「限られた反復期間で優先度が設定された膨大なテストを優先度の高いものから実行したときの数をできるだけ増やすための技術」といえます．

3）　ステークホルダーを使ったユーザーテスト

　人間中心設計（Human Centered Design：HCD）という考え方が普及してきています．これまでの技術中心の設計では，新しい技術や開発側が想定する業務に適したソフトウェアを開発してきました．これに対して，HCD の目標は，具体的な顧客を想定したうえで，「ユーザーはどのような特性をもっているのか」「どのような環境なのか」「どのような仕事をしているか」「どのような関連作業と連携しているか」等の観点から，顧客が当該のソフトウェアを使う経験を最大化することです．

　このような人間中心設計を実現するためには，単に設計，実装，評価といった一方向の開発ではなく，評価結果に対応した設計改善や実装といった反復的なプロセス[3]が必要とされています．この評価のために用いられる施策としてユーザーテストがあります．ユーザーテストとは，「テスト対象ソフトウェアを使うユーザーに実際に対象のソフトウェアを操作してもらったうえで，その品質を評価する方法」です．

　アジャイル開発は当然反復的な開発方法ですから，HCD の実践に向いた開発方法といえます．ただ，毎回の反復でユーザーテストを実施するというのは現実的には不可能でしょう．このため，Q21 で説明した品質バックログの仕掛けを利用し，開発初期にユーザーテストを品質バックログ項目として登録し，できるだけ早期の反復で実施できるように計画します．

　アジャイル開発の場合，ステークホルダーとして，そのソフトウェアのエンドユーザーや運用者などがいるでしょう．品質バックログ項目として登録されたユーザーテストを実施する反復では，このステークホルダーに実際にソフトウェアを使用してもらい，開発チームが想定し，実装したユーザーストーリーが正しく，またソフトウェアがそれを実現できているかを評価してもらいます．この評価結果を使用して（必要に応じて）ソフトウェアの利用性を向上させるための新たなプロダクトバックログを登録することもあるでしょう．

Q & A

Q29 開発チームがフィールドでのインシデント対応をするべきか？

A29 アジャイル開発では開発者への割り込みを最小限にするのが原則ですが，開発チームでインシデント対応せざるを得ない場合，プロダクトオーナーを含めたアジャイル開発の仕掛けのなかで作業できるようにする

べきです.

　まず，フィールドのサポート自体は，ソフトウェア開発や運用とは違うヘルプデスクなどのチームが行うほうがよいでしょう．しかし，ヘルプデスクでは解決がつかず，開発側にエスカレートされるインシデント，もしくは緊急を要する障害が発生してしまったような場合，開発チームはどのように対応したほうがよいのでしょうか.

　一般論として，アジャイル開発のチームは，できるだけ外部からの割り込みを少なくして，開発に専念させたいと考えます．この考え方にもとづいて，開発チームとは別に，そのソフトウェアの保守チームを置くという方法もあります．しかし，アジャイル開発のインクリメントを社外や社内のユーザーに継続してリリースしているような場合は，開発チームで対応するしかありません．この場合，「次の反復で対策」では遅すぎる場合も多いため，当該の反復で対策せざるを得ないでしょう．この場合でも，スプリントバックログを追加して，通常の反復と同じルールでインシデント対応も行えるようにしたほうがよいでしょう.

　今後，DevOps のように，開発と運用がシームレスに連携して継続的により良いソフトウェアを提供するような開発方法が普及していくと思われます．このようなときには，やはりアジャイル開発の一環として開発チームがインシデント対応をするしかないでしょう．このときでも，障害に対応した治外法権のような例外ルールを作るのではなく，できるだけ通常のアジャイル開発の仕組みを活用して，インシデント対応までできるように組織の業務機能やアジャイル開発のプロセスを設計するとよいでしょう．そのためには，例えば，下記のような施策があります.

- サポート部署からエスカレーションされたインシデントに対応し，開発部隊が即時に対応するか否かを決定する人は，従来なら組織のエグゼクティブや品質保証責任者といったマネジメント層でしょう．ただ，アジャイル開発の原則である「反復のなかで，割り込み的にインシデント

対応を行うか否かを判断する権限をもつのは，ただ一人，プロダクトオーナー」を守るために，意思決定者は，プロダクトオーナーと密接に連携し，「プロダクトオーナーを通して，開発チームに開発作業を中断させる」といった指揮体系を採用したほうがよいでしょう．

- 事故対応も，プロダクトバックログ項目および，対応するスプリントバックログ項目で管理します．事故対応に対する標準的なスプリントバックログ計画や，それらに対応した標準的な DoD を組織で共有し，事故に対する俊敏かつ確実な対応を可能にします．

- 事故対応のプロダクトバックログ項目にも，ストーリーポイントを割り付け，他の開発項目と同様にベロシティなどを管理します．

■第 3 章の参考文献

［1］　Ward Cunningham (1992)：“The WyCash Portfolio Management System”，OOPSLA'92 Experience Report (http://c2.com/doc/oopsla92.html)

［2］　Spillner, A (2002)：“The W-Model–Strengthening the Bond Between Development and Test”，STAReast 2002.

［3］　International Organization for Standardization (2010)：“ISO 9241-210：2010, Ergonomics of human-system interaction — Part 210：Human-centred design forinteractive systems”.

［4］　International Organization for Standardization (2005)：“ISO/IEC 25000：2005, Software Engineering — Software product Quality Requirements and Evaluation (SQuaRE) — Guide to SQuaRE”.

［5］　SQuBOK 策定部会編 (2014)：『ソフトウェア品質知識体系ガイド — SQuBOK Guide V2 — (第 2 版)』，オーム社.

［6］　大西建児，佐々木方規，鈴木三紀夫，中野直樹，福田里奈，町田欣史，湯本剛，吉澤智美 (2019)：『ソフトウェアテスト教科書 JSTQB Foundation 第 4 版 シラバス 2018 対応』，翔泳社.

## 第 4 章

開発組織とどのように連携するのか？

　アジャイル開発のチームは組織のアウトローの溜まり場なんて思っていませんか．実際には，「アジャイル開発が成功するか否か」は，ソフトウェア開発組織側のコミットに依存します．本章では，アジャイル開発と組織の関係に関する Q&A をまとめてみました．

Q & A

Q30 組織の観点でのアジャイル開発の特徴は何か？

A30 組織から見ると（原則に則った）アジャイル開発の一番の特徴は他の開発プロセスに比べてリスクが最小化できるソフトウェア開発手法といえます．

　一般に，「アジャイル開発は従来の開発よりも自由度の大きい開発だ」と思われています．しかし，これまで説明してきたように，実際にはそうではありません．ウォーターフォール型の開発プロセスに依存した標準やガイドがあった場合，それは有効に作用しません．しかし，アジャイル開発の導入によって，開発プロセスが無節操にバラバラになるということでもありません．アジャイル開発は，良く定義された反復および品質が保証された成果物（インクリメント）といった厳格な規律に従った開発プロセスです．さらに，プロダクトオー

ナー，スクラムマスターという役割を導入することにより，ソフトウェア開発作業に対する割り込みを減らし，ソフトウェア開発者が(プロダクトオーナーが示した)ソフトウェア開発に専念できる開発プロセスでもあります．

　これらの結果として，プロジェクト途中での失敗リスクが少なくなります．これまでのソフトウェア開発でよく見られた「詳細設計段階までは順調に進んでいるかに見えた開発なのに，テスト段階になって急に重大な問題が発生する」というような事象は抜本的になくなります(もちろん，マーケットやステークホルダーに関連する問題は，ソフトウェア開発手法に関係なく起こり得ますが)．この結果，開発チームの観点で，ソフトウェア開発の生産性(ベロシティ)は一定になります．組織の観点で見ると，開発チームの生産性自体は，それぞれ異なるとしても，各チームの生産性が一定に収束することがわかれば，組織として，今後のスケジュールが立てやすいでしょう．

　一般的に，ソフトウェア開発組織の観点では，生産性や品質に関連する各KPIの分散が大きいと，組織的なマネジメントが難しくなります．一方，分散が少なければ，たとえ値が悪くても，組織的な課題が見つけやすくマネジメントの観点では比較的容易です．例えば，プロジェクトやソフトウェア製品のなかに品質の良いものと悪いものが混在している場合，「品質を悪くしている原因は何なのか」を特定することは難しく，組織的な品質マネジメントが難しくなる場合も少なくありません．一方，すべてが同じように悪い場合には，悪い原因が比較的容易に見つかる場合も多いでしょう．また，その場合，悪かった原因を対策することで組織的な品質向上が容易にできる場合もあります．

　なお，本章でのQ&Aは，純粋なアジャイル開発，すなわち第1章に書いた原則を守ってソフトウェア開発をしたときの特徴です．単に，「アジャイル開発のプラクティスを適用しました」というようなソフトウェア開発の場合は，当てはまらないので注意してください．

Q & A

Q31 請負のソフトウェア開発でアジャイル開発は可能か？[1]

A31 不可能ではありませんが高品質のソフトウェア開発の観点では「責任の分担や報酬をどのようにするか」といった面で困難を伴います．

　アジャイル開発は，ソフトウェアを活用する側とソフトウェアを開発する側の密接な連携が手法の前提になっています．一方，国内ではユーザー企業とITベンダーの連携が十分とはいえません[1]．発注するユーザー企業側から見るとITベンダーがどのように開発しているのか見えず，開発している側から見るとソフトウェアを使う人と直接の接点がないという場合が少なくないのです．

　本項では，請負でアジャイル開発を採用するときの組織的な課題を「発注側のソフトウェア開発へのより密接なコミットメント」「受注側のソフトウェア開発事業のビジネスモデルの見直し」の2点から説明し，この課題を解決するために，「ユーザー企業やITベンダーがどのように責任分担し，どのような契約を結ぶべきか」を説明します．

(1) 発注側のソフトウェア開発へのより密接なコミットメント

　アジャイル開発では，発注者側が開発の最初と最後だけでなく，開発中もプロジェクトに継続的にかかわっていくことを求めています．「アジャイルソフトウェア開発宣言」の原則にある「ビジネス側の人と開発者は，プロジェクトを通して日々一緒に働かなければなりません」のとおりです．従来のように，

1）　本Q&Aの回答は，筆者（居駒）が参加している情報処理学会「情報処理に関する法的問題研究グループ」（http://www.jpsj.or.jp/sig/lip）での議論を参考にしました．

ソフトウェア要求の定義も IT ベンダー側に依頼したり，開発中のプロジェクトマネジメントは開発側にお任せといった，いわゆる「丸投げ」のソフトウェア開発方法ではアジャイル開発を活用することはできません．

　特にアジャイル開発では，ユーザー企業側が開発者と「日々一緒に働く」ことができるプロダクトオーナーを，アジャイル開発のプロジェクトに割り当てなければなりません．プロダクトオーナーは，単に開発チームと一緒に働く時間を割り当てられるというだけではありません．プロダクトオーナーは，開発するソフトウェアの価値を最大に引き上げるための「ソフトウェアの使われ方に対する知見」と「ソフトウェア開発技術に対する理解」の両方をもち，そのソフトウェアのステークホルダーから，ソフトウェアのプロダクトバックログの選択権限を委託されていることが必要です．すなわち，プロダクトオーナーが個人としての資質を兼ね備えていることと，ユーザー側の組織として適切な権限をプロダクトオーナーに割り当てることが必要不可欠ということです．

(2)　受注側のソフトウェア開発事業のビジネスモデル見直し

　アジャイル開発を受注する IT ベンダー側では，これまでのビジネスモデルを変える必要があります．すなわち，「あるスコープでソフトウェア開発プロジェクトを受注し，プロジェクトマネジメントすることで，コストと期間を予定内に収めて収益を上げる」というビジネスモデルはアジャイル開発では成り立ちません．

　アジャイル開発では，機能も含めたスコープを固定のものとは考えません．請負型のウォーターフォール型のソフトウェア開発においては，請け負った時点で要求が定義されていないと困ります．しかし，それはソフトウェアの開発形態による制約であって，ソフトウェア開発そのものの制約ではありません．

　アジャイル開発の場合，開発の初期段階から動作するソフトウェアを開発し，そのソフトウェアを評価しながらユーザー側と開発側が協力してソフトウェア要求を擦り合わせていきます．会話や文書レベルでのコミュニケーションより

も，実際のソフトウェアを介して「どのようなソフトウェアを開発するか」を議論したほうが，ユーザーから見て良いものが得られますし，開発側から見ても正確な実現方法を決定し，正確な見積もりができることはいうまでもありません．さらに，実際のソフトウェアの設計や実装の結果として新たなシステム要求が湧き出てくることもありますし，想定していたよりも簡単に実装可能ということもあります．例えば，ある機能が想定していたよりも簡単に実装できることが実証された場合，「こういうこともやりたい」といった新たな要求が発生することもよくあります．仕様や設計が決まらないので反復するのではなく，できた仕様や設計を評価した結果，さらに良いものにできるチャンスを逃さない．さらには，できるだけ早い機会に改善することによって継続的に最後まで(広義の)品質の良いソフトウェアをめざすということが重要なのです．

　このようなアジャイル開発を請負で開発する場合，従来と同様に，「IT ベンダーが固定されたスコープに対応して開発した作業に対して対価を得る」というビジネスモデルでは，良いソフトウェアもできませんし，IT ベンダー側も利益を生むことが困難になります．

(3)　請負開発時のアジャイル開発の方向性

　(1)(2)で示したユーザー企業と IT ベンダーの課題を考慮して，請負契約でアジャイル開発を進めるためには，両者の責任分担を契約のレベルで見直す必要があるでしょう．

1)　アジャイル開発での責任範囲の明確化

　従来の「ユーザー企業側がスコープを決め，IT ベンダー側が専門的な知見で開発するという大きなレベルで作業を分離して，責任を分担する」という作業方式ではなく，ユーザー企業と IT ベンダーが密接に連携して開発が進められるように，多くの作業項目は，両方に責任があるように明確化します．従来のソフトウェア開発での責任分担と，アジャイル開発採用時の責任分担の改善例を表 4.1 に示します．

表 4.1　アジャイル開発採用時のユーザー企業と IT ベンダーの責任分担の改善例

作業項目	ユーザー企業	IT ベンダー
スコープの決定(プロダクトバックログ項目の優先順位の設定)	○→○	×→△
開発に関わる技術リスクの報告	×→△	○→○
プログラムの開発(マネジメント)	×→△	○→○
反復ごとに確認可能なものを開発	─→△	─→○
反復ごとにインクリメントの妥当性を確認	─→○	─→△
反復ごとの開発プロセスの評価・改善	─→○	─→○

凡例)　○:主責任あり　△:副責任あり　×:責任なし　─:非該当

２）　開発物の成果を IT ベンダー側も利益として享受できる仕掛け

　アジャイル開発のプロジェクトマネジメントは第 2 章でも述べたとおり，固定的なコストや期限を前提に，機能・品質を高めることを目標としています．この目標を，ユーザー企業だけでなく IT ベンダーも共有しようという場合，IT ベンダー側が得る対価は，固定部分としての開発コストに加えて，開発したソフトウェアが生み出す価値や成果も含まれるように契約を設定するべきでしょう．例えば，ユーザー企業の売上増加やコスト削減といったソフトウェアの成果の一部が，IT ベンダーに支払われるような契約です．

３）　フレキシブルな契約の形態

　アジャイル開発では反復ごとにプロダクトバックログの見直しが発生します．すなわち，請負のスコープが反復ごとに変化するということです．この問題を解決するためには，反復によって変わらない契約者の責任範囲の部分と反復ごとに変化するスコープの部分は，契約上明確に分離する必要があります．ウォーターフォール型の開発の請負契約でも，上流工程と下流工程で契約を分けたり，工程ごとに契約を結ぶような形態の契約はありました．同様に，ア

ジャイル開発の請負契約においても，プロジェクト全体で修正が不要な基本契約と，反復ごとに変化させる個別契約に分けるのがよいでしょう．また，反復ごとに変化させる個別契約に関しては，契約変更のための新しい会議やマイルストーンを置くのではなく，アジャイル開発のプロダクトバックログの仕掛けと，それを変更するイベントを経ることで，契約も反復ごとに自動的に変更するような仕組みを作ることが重要です．このためには，契約変更の仕掛けを明文化するとともに，プロダクトバックログが適切な構成管理の仕掛けを備えている必要があります．

　以上，ソフトウェア開発請負時にアジャイル開発を採用した場合の契約の概要について，従来の場合と比較したものを表4.2にまとめました．

表4.2　ソフトウェア開発請負時の従来開発とアジャイル開発の比較

項目	従来のソフトウェア開発	アジャイル開発
契約の内容	所定の機能・品質，開発費，納期でソフトウェア開発	所定の開発費，納期でソフトウェア開発．ユーザー企業のソフトウェア活用に対応した利益がITベンダーも得られるような契約．
契約の単位	包括的な契約，もしくは工程ごとの契約	プロジェクトを通して変更のない部分に対する基本契約と，反復ごとに変化するスコープに対応した個別契約
ソフトウェア開発	所定の機能・品質，開発費，納期でソフトウェア開発	所定の開発費，期間で最大限の機能品質が出るように，ユーザー企業，ITベンダーで連携
ユーザー企業の利益	所定の機能・品質で運用することによる利益	従来よりも良いソフトウェアを運用することによる利益
ITベンダーの利益	所定の期間，コスト以内で開発することによる利益	ユーザー企業のソフトウェア活用（売上増，コスト削減等）に対応した利益

Q & A

Q32　二次外注，三次外注でもアジャイル開発は有効か？

A32　アジャイル開発のプラクティスという観点では，多重外注先でも活用可能です．さらに，顧客と開発側が協調してより良いソフトウェアを開発していくという観点では，一次請けも含めた体制や契約などに工夫が必要です．

　アジャイル開発は，ソフトウェアを使う側と開発する側が密接に連携してソフトウェアを開発する方法論です．したがって，開発チームが，ソフトウェアを使う側と離れれば離れるほど，効果を上げることが難しくなります．日本の業務用の情報システム開発は，IT系企業への委託開発をする場合が大部分で，さらに受託した企業から，他のIT系企業へ2次外注や3次外注といった多重外注して開発されることも少なくありません．多重外注は，欧米では見られない日本国内固有の大きな問題です．本来は，多重外注をなくす方向に向かうのが本質的な解決策でしょう．しかし，長年のビジネス慣習の問題，特にユーザー企業側での人材確保の問題，知的所有権の問題等，大きな課題が山積しているため，すぐに問題が解消できる簡単な問題でもありません．本項では，多重外注先で，どのようにアジャイル開発を活用するべきかを説明します．以下，実例にもとづくものではありませんが，現状の多重外注でアジャイル開発（の原則）を実施する方法を考察してみます．

　単に「アジャイル開発を適用する」といっても，その意味は，一つではありません．アジャイル開発の有益なプラクティスを導入して活用することは，二次外注または三次外注先でも可能です．スクラムの開発チームを編成することも，スクラムの反復（スプリント）でXPの多くのプラクティスも実行可能です．

これらのプラクティスを実施することで，開発者の士気向上や，開発効率の向上が期待できます．したがって，多重外注先の開発効率向上の施策としてアジャイル開発の技術を活用することは十分可能でしょう．

　一方，本書で繰り返し述べている，「正しいソフトウェアを反復的に積み上げていく」といったアジャイル開発の原則を多重外注先に適用することは簡単ではありません．そもそも，二次外注するという時点で，中間工程は設けないというアジャイル開発の原則が守られていない可能性が大きいでしょう．さらに，多重外注のある請負ソフトウェア開発の場合，発注側の会社にプロダクトオーナーの役割を果たせる人がいなければなりません．一次外注の場合なら，発注する顧客側の人間をプロダクトオーナーとして割り当てることができます．しかし，多重外注の場合，発注側も開発の担当者でありプロダクトオーナーの立場の人間がいません．したがって，反復的に開発することは可能だが，「反復の成果物としてのインクリメントが正しい」ことが確認できるかというと，疑問が残ります．

　この課題に対しては，まず，プロジェクト全体の透明性を確保することが重要です．契約上は多重外注であっても，顧客から見て「フラットに複数の開発チームを構成する」「個々の（多重外注も含めた）開発チームをブラックボックス化せず，その存在が見えるように透明性が確保されているようにする」のです．さらに，開発チーム側から見ても，直接の発注者だけでなく，顧客の管理するプロダクトバックログを含めて参照可能になっている必要があるでしょう．また，顧客側のプロダクトオーナーが，多重外注先のスクラムにも参加可能になっている必要があります．このような施策が契約上難しいということになると，アジャイル開発はプラクティスレベルにとどめておくことが現実的な策となるかもしれません．

Q & A

Q33　スクラムチームと組織の関係は？

A33　スクラムチームは組織のこれまでの慣行や基準の破壊者ではありません．変革は必要ですが，組織のもっている普遍的なノウハウを最大限に活用することが重要です．

　アジャイル開発を厳密に適用したからといって，すべての組織が生み出すソフトウェアが画一的な品質や生産性になるわけではありません．差がつく要因の多くは，よくも悪くも組織に依存する部分です．

　良いほうの例としては，完成の定義（DoD）の基準が挙げられます．アジャイル開発の反復内のすべてのタスクはスプリントバックログとして管理されます．スプリントバックログの DoD に関して，本質的にチームで決めなければならないものと，組織として統一しておいたほうがよいものがあります．組織の強みとして高信頼性ソフトウェアの開発がある場合，それまでのレビューの方法やテスト基準などを，アジャイル開発の DoD として（アジャイル開発の妨げにならない範囲で）実装することは可能です．現在，米国西海岸では，会社組織の枠を越えてアジャイル開発というソフトウェア開発のフレームワークが標準化されてきており，それが地域レベルの人材の流通につながってきています．社内外のベストプラクティスをよくサーベイし，意識的に標準化を進めるとよいでしょう．

　悪いほうの例としては，組織に旧来からある取組みやイベントとアジャイル開発でのイベントとのバッティングです．一般的には，スクラムのリズムを崩すような開発以外のイベントをできるだけ減らす必要があります．組織で必要な行事などがある場合，反復のイベントとバッティングしないように設定することが重要です．そもそも不必要な組織の行事は存廃を含めて検討するべきで

すが，組織の一員として全員を参加させたいようなイベントもあるかもしれません．その意味でも，組織内に多くのスクラムチームがある場合，できるだけ反復の期間や反復内のイベントの日程は合わせておいたほうがよいでしょう．

Q & A

Q34 プロダクトオーナー，スクラムマスターと組織の関係は？

A34 プロダクトオーナー，スクラムマスターがその職務を十分に全うするためには，スクラムチームだけでなく，組織的な支援が必要不可欠です．

(1) マネジメント組織のプロダクトオーナーへの支援

　プロダクトオーナーは，ソフトウェアの使用フェーズで開発されたソフトウェアの価値を最大にする責任をもちます．プロダクトオーナーはバックログ管理の最終責任者であり，ある反復で何を開発するか，また，反復の最後に開発されたインクリメントが良いか悪いかを判断し，バックログを解消するか否かを決める責任を負います．このように書くと簡単に見えますが，実際には，思惑の違うステークホルダー間の調整や組織のトップの意向なども汲み取りながら，ソフトウェア開発に継続的に関与するということは想像以上に難しいし重い責任をもっているともいえます．このことは，スクラムガイドに，わざわざ「プロダクトオーナーは1人の人間であり，委員会ではない」と書かれていることからもわかるでしょう．

　このときに，プロダクトオーナーが重い職責を全うできるように組織的な支援が必要不可欠です．まず，アジャイル開発の開発チームはプロダクトオーナーの決定に従う必要があります．さらに，開発チーム外のステークホルダーもその決定を尊重することが重要です．このためには，単にプロダクトオー

ナーの属する組織だけでなく，社内のステークホルダーを束ねるようなトップ
マネジメントが，プロダクトオーナーの決定を覆さないような組織的なルール
を設けることも考慮が必要です．

　現実としては，プロジェクトレベルの意思決定主体はプロダクトオーナーで
はなく，組織の経営層の場合が多いでしょう．その場合でも，開発チームにあ
ちこちから指示が飛ぶのではなく，プロダクトオーナーを介するように指示経
路を一本化することが重要です．

(2)　組織とスクラムマスターの関係

　ソフトウェア開発というビューにおいて，スクラムマスターは，開発チーム
に対してスクラムの方法論をコーチします．しかし，スクラムマスターの役割
は，開発チームへのサポートやコーチングのみでなく，組織にアジャイル開発
を根づかせる責任もスクラムマスターはもっています．

　具体的には，さまざまな形でアジャイル開発を組織内で有効に運用できるよ
うに組織を支援します．特に，まだアジャイル開発が根づいていないような組
織の場合，スクラムマスターは，他のスクラムマスターと連携して，組織にお
けるスクラム導入の効果を高める活動を行います．例えば，組織へのアジャイ
ル開発の導入方法を計画し，組織内のマネージャー層を含むソフトウェア開発
に関連するステークホルダーに対して，アジャイル開発の理解を促進させます．
すでにウォーターフォール型の開発に対応したソフトウェア開発規格等が組織
にある場合，それに対応したソフトウェア開発に関連した体制や規格などの再
構築も必要となり，スクラムマスターが主体的な役割を負うことを期待されま
す．

　スクラムマスターがこのような組織全体にかかわる活動を可能にするために
は，組織の経営層がアジャイル開発に対して理解をもち，スクラムマスターに
対して相応の権限を与えることが必要です．

Q & A

Q35 アジャイルの開発環境はどうあるべきか？

A35 アジャイル開発で短期間での反復を可能にするため，人間でなくてもできるソフトウェア開発作業は極力自動化を推進する必要があります．組織的なアジャイル開発向けの開発環境を構築するのがよいでしょう．

　アジャイル開発の反復期間は1週間から1カ月以内といわれていますが，現状1週間から2週間程度の反復期間を置いているプロジェクトが多いでしょう．この反復期間でリリース可能なインクリメントを作り続けるためには，開発者は人間でしかできない部分に注力し，それ以外のところはできるだけ機械的に処理できるようにしておくことが重要です．このため，アジャイル開発では，その時点でもっとも役に立つ開発支援ツールやコミュニケーションツール，構成管理ツール等を最大限に使いこなすべきです．

　ソフトウェア開発用のツールは，ある時点で事実上の標準的なものであっても，5年，10年という単位で他のツールに置き換えられるので，ある時点で，もっともソフトウェア開発の効率がアップするようなツールをウォッチし，評価し，試用して活用するのがよいでしょう．

　開発環境に関しては，アジャイル開発特有の良い面と悪い面があります．まず，良い面は，同じ作業を反復的かつ継続的に実行するため，開発の山谷が少ないイメージになります．従来だと，ある工程やある評価のためだけに実行するようなツールや特定の目的の開発環境が，しばらくしてから動かそうと思っても動かないという場合が少なくありませんでした．アジャイル開発で利用するツールは，反復ごとに必ず使うものが多く，いったんアジャイル開発のルーティンのなかに組み込むことができれば，使うたびに再学習というようなこと

はなくなるので効果的に使用できるようになります．

　一方，アジャイル開発のチームは比較的小規模のため，チームごとに開発環境を全く別々に構築すると，開発環境構築の負荷が開発のアジリティを下げることになりかねません．この問題に対しては，組織的にアジャイルの開発環境を支援するチームを作るのがよいでしょう．例えば，技術的な負債を測定するようなツールを導入するときに，各スクラムチームがそれぞれ違うツールを違う基準で導入するよりも，組織でアジャイル開発に知見のある支援グループ（スクラムマスターレベルの識者がいることを想定）が，標準的な環境を構築し，これを PaaS サービス（VM，Docker，Ansible 等）で各スクラムチームに展開するのがよいでしょう．

　最近のインターネットベースのツールは，マイクロサービスアーキテクチャになっており，ツール間の連携が従来と比べて格段に容易になっています．組織での開発環境を統一する場合，これらのツールやインタフェースを活用して構築するのがお勧めです．

■第4章の参考文献

［1］　経済産業省(2018)：「DX レポート〜IT システム「2025 年の崖」克服と DX の本格的な展開〜」(https://www.meti.go.jp/shingikai/mono_info_service/digital_transformation/20180907_report.html)

第5章
アジャイル開発の応用動作

ソフトウェアの開発プロセスは，開発するソフトウェアやプロジェクトの特性によって，一つひとつ最適なものに設計するのが本来の姿です．アジャイル開発の原則は理解したうえで，どのように実際の開発プロセスを設計していくのでしょうか？

Q & A

Q36 アジャイル開発プロジェクトをどのように開始し，終了するか？

A36 プロジェクト的にアジャイル開発を実行する場合には，アジャイル開始時，終了時のそれぞれについて，通常とは違う反復（スプリント0，エンドゲーム）を設けるとよいでしょう．

本章まで述べてきたようにアジャイル開発は，開始点および終了点のあるプロジェクトとしての活動だけでなく，組織の業務として定常的に実行することもできます．しかし，実際にアジャイル開発を適用する場面を考えてみると，プロジェクト的にソフトウェア開発をすることもありますし，組織の業務として適用する場合でも「定着させるためのタスクはどのように実行すべきなのか」という問題があります．さらには，組込みソフトウェアのように，ソフトウェア開発と他のハードウェアなどの開発や製造，出荷というプロセスが関連

しており，例えば，「開発したソフトウェアが組み込まれたハードウェア製品の市場へのリリースというタイミングで，ソフトウェアは本当に定常的な反復開発でよいのか」という問題もあります．

　本項では，アジャイル開発プロジェクトの開始時および終了時に，よく遭遇する課題に対してアジャイル開発の応用という範囲での実績のある対応策を示します．

(1)　アジャイル開始時の課題

　アジャイル開発は，開始点および終了点を明確なプロジェクト型で実行することもできますし，通常の業務と連携して継続的な組織の業務機能として実行することもできます．ただし，現在対応するソフトウェアが全く何もない場合，または，ウォーターフォール型の開発でソフトウェアをすでに開発中の場合，「どのようにアジャイル開発を開始するのか」が大きな問題になります．これまで述べてきたように，アジャイル開発で継続的にリリース品質の成果物を固定期間で仕上げるためには，ソフトウェア開発方法や体制など，決めておくことが不可欠な事項は多岐にわたります．このため，アジャイル開発する際には，少なくとも最初の反復は，通常の反復と異なる作業を行うのが通常です．この最初の反復を，スプリント 0（ゼロ）とよんでいます．スプリント 0 では，以下の事項を，短人数かつ短期間（2 週間以内）で決めます．

- スクラムチームメンバー（プロダクトオーナー，スクラムマスター，開発者）の確定
- 初期のプロダクトバックログ（機能，品質）
- リリース計画（前半は細かく，後半は大雑把に）
- 1 回目以降の反復でのプロセス（各種イベントの固定期間でのスケジュール等）
- 複数の組織の契約で実行する場合（請負開発等）は，各組織での責任範囲の明確化
- 作成，保守するドキュメントの特定．作成する場合の形式や管理方法

・品質計画

　これらのスプリント 0 での結果は，そのソフトウェアのビジネスにかかわる
ステークホルダーの承認を得ることが必要です．

(2)　アジャイル開発プロジェクト終了時の課題

　同じ作業を固定期間の反復で繰り返し実行し，反復の終了時に定期的にリ
リースするのがアジャイル開発の原則です．この原則は，定常的にサービスを
向上させる社内の情報システムやインターネットを使った Web サービスなど
には良く適合しています．一方，ハードウェアに組み込まれて出荷されるよう
な組込みソフトウェアや，ある期間をおいて更改されるようなソフトウェアの
場合，そのソフトウェア開発はプロジェクト形式，すなわち，開始があり，終
了があるような開発プロセスを経ます．

　このときに，リリースされた後に問題が発覚した場合のインパクトが重要に
なります．例えば，フィールドで開発したソフトウェアの問題が発生してし
まった場合，最悪ハードウェア製品のリコールが必要となりますし，パッケー
ジソフトウェアでも大量のコピーに対してアップデートが必要となるため，大
問題に発展する危険性があります．また，請負で開発する業務プログラムで継
続的な契約がない場合も，開発契約期間中での問題と，それ以降の問題ではイ
ンパクトが異なるでしょう．

　このようなフィールドに出荷後に発生した問題のインパクトが，開発現場で
発生した問題のインパクトよりもはるかに大きいような場合，そのソフトウェ
ア開発の最終的な反復まで，通常のアジャイル開発の反復と同様にユーザース
トーリーの追加や改善などの開発をすることは，大きなリスクになります．各
反復での取りこぼし不良が希少であることが確認されているプロジェクトでは，
通常の反復の結果を使って出荷してもよい可能性もありますが，現実的には新
たなユーザーストーリーの開発は行わない確認だけの反復を設けたほうがよい
のでしょう．通常，この反復はエンドゲームまたは，リリーススプリントとよ
ばれています．本書では以下，エンドゲームと称します．

　エンドゲームを設定しているのは，アジャイル開発先進国である米国も同様です．また，パッケージ系または組込み系のソフトウェア開発の経験を積んだ筆者の体験でも，欧米の関連会社や競合会社では，通常はアジャイル開発の原則にもとづいた開発をしていても，最終段階ではRUPでいう移行フェーズのような特殊な反復を実施しています．

　エンドゲームに関しては，通常のアジャイル開発での反復とは異なるため，エンドゲームに向けた入念なプロセス設計が必要です．単に，新たな反復を設けて漫然とこれまでのリグレッションテストを流すだけではなく，以下のような確認も入念に行うとよいでしょう．

- 当初のユーザー要求およびシステム要求を満足しているか否かの確認（Validation）．
- リリースするものを使ってユーザーが要求している利用時の品質特性を達成することができるかの確認．
- リリース後，すぐに使うユーザーの（典型的な）ソフトウェアやハードウェア構成，データ構成での確認．
- 各種トレーニング（特定ユーザー，運用者，サポート担当等）や教育，運用資料，保守資料（トラブルシューティング資料等）の引継ぎ

　ただ，その場合でも，期間や反復のイベントなどは，通常の反復と同様に設定し，通常のリズムでエンドゲームに臨んだほうがよいでしょう．

Q & A

Q37 アジャイル開発で反復期間は固定である必要はあるのか？

A37 アジャイル開発における反復期間は固定にするべきです．可変にするメリットがないとはいいませんが，はるかに大きなデメリットが生じます．

　アジャイル開発を実際に実行してみると，大部分の機能(ユーザーストーリー)は2週間といった固定期間以内で開発可能ですが，一部の機能では，どうしてもそれ以上かかってしまうというようなことがあります．そのような場合に，反復期間を一時的に可変にして，3週間に延ばすようなことをするとどのようなことが起きるでしょうか．

　まず，組織という観点では**第2章**で説明したようなアジャイル開発としてのプロジェクトマネジメントができなくなります．また，開発者という観点でアジャイル開発で反復期間を固定する理由の一つは，開発チームの活動にリズムをもたせることです．例えば反復期間が2週間であると，開発者はそれぞれ，「1週目はこのレベルができて」「この曜日には，このようなイベントがあって」「この曜日はアジャイル開発以外の組織としての仕事をして」といったマイルストーンが定期的に設定されるため，いちいちスケジュール表を見なくても，アジャイル開発でのリズムが身にしみついてきます．これを可変にすると，単に2週間が3週間になるというだけでなく，スクラムチーム内でのイベントの調整や組織の作業との連携などで大きな時間を費やし，作業効率が著しく落ちる場合があります．

　ただし，例外的に，開発量が反復期間に収まらないようなユーザーストーリーを開発する場合もあります．この場合，その開発は例外的に反復期間をまたがって開発し，先行する開発ではユーザーストーリーのメインパスを実装し，それに対して，プロダクトオーナーは是非を判断します．また，続く反復で同じユーザーストーリーの残りの実装および確認を行うといった方法があります．すなわち，反復自体は固定期間の原則を保持し，そこで実装するユーザーストーリーのほうの原則を崩すという応用です．

Q & A

Q38 ウォーターフォール型の開発とアジャイル開発以外に良い解はないのか？

A38 実行しようとするソフトウェアやプロジェクトの特性をよく吟味したうえで，アジャイル開発とは異なる反復的な開発プロセスであるラショナル統一プロセス(RUP)の採用を検討してください．

　脱ウォーターフォール型の開発をめざしたいが，アジャイル開発もその原則まで知ってしまうと，なかなか実行できそうにないという場合があります．しかし，アジャイル開発やウォーターフォール型の開発だけがソフトウェア開発プロセスではありません．本項は，反復開発の種類を述べ，アジャイル開発以外で，採用を考慮すべき反復型開発であるラショナル統一プロセス(RUP)の特徴と課題を説明していきます．

(1)　反復開発の歴史とアジャイル開発との関係

　反復開発の歴史と，アジャイル開発や，ラショナル統一プロセスはどのような位置づけになるのかを簡単に説明します．1990 年代，反復開発は，大きく，進化型開発と漸増型開発に分類されていました．これらの開発のイメージを**図 5.1** に示します．

　進化型開発(evolutionary development)とは，ある機能を試行的に動作するソフトウェアを仮に実装し，それを反復的に評価することにより，より良いソフトウェアに仕上げていく方法論です．**図 5.1** の建造物の例でいうと，モックアップで評価しながら良い設計を作るイメージです．ソフトウェアの場合，使い捨てのモックアップである場合もありますが，実用で使うソフトウェアを使って進化型開発を行う場合もあります．この開発のベースとなった典型的な

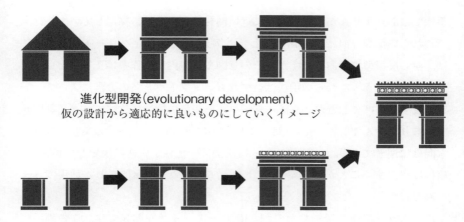

進化型開発（evolutionary development）
仮の設計から適応的に良いものにしていくイメージ

漸増型開発（incremental development）
良い設計に対応した実装を積み重ねていくイメージ

図 5.1　進化型開発と漸増型開発のイメージ

設計手法としては，プロトタイピングがあります．また，プロトタイピングを活用した RAD（Rapid Application Design）で，GUI 系の小規模プログラムで一定の成果を挙げました．日本でも，多くのベンダーで，非ウォーターフォール型のプロセスの代表として，RAD が紹介されたため，未だに，（非ウォーターフォール型のプロセスとしての）アジャイル開発は，RAD と同様な進化型の反復開発だと思われている場合もあります．もちろん，これは大きな誤解です．

　一方，漸増型開発（incremental development）は，精緻な基本設計と入念な計画を前提に反復的にソフトウェアの部分部分の実装を付け加えていく手法です．図 5.1 の建造物の例でいうと，建造部の設計図が完成品としてできていることを前提に，それに従って建造物を基礎部分から順々に施工していくイメージです．Mills の主唱したクリーンルーム手法[1]は，典型的な漸増型開発の例で，形式的なソフトウェア設計からバグのない実装を順々に積み重ねていく手法でした．1990 年代の米国の主要ソフトウェアベンダーは，クリーンルーム

手法ではありませんが漸増型開発に近い開発をどの会社も採用していました．

　これらの開発プロセスを比べたとき，例えば，RAD とクリーンルーム手法は，同じ反復型ではありますが，その意図や反復内での作業は正反対といってもよいでしょう．これらの手法はいずれも，ソフトウェアの分野によって，一定の成果は挙げましたが，ウォーターフォール型の開発に比べて，適用範囲が広くありませんでした．RAD は，主に中小規模の GUI ベースの業務プログラム向けに閉じており，クリーンルーム手法は，仕様が厳格に決定している（正確には決定することができる）ソフトウェアにおいて限定的にしか活用できませんでした．

　このような経緯で登場したのが，RUP やアジャイル開発です．この両手法は，ここまで述べてきた，進化型開発と漸増型開発の両方を許容しているソフトウェア開発プロセスモデルですが，その適用のアプローチは大きく異なります．

(2)　ラショナル統一プロセス (RUP) の概要

　RUP[2]は，短期間でリリース品質を確保することが困難なソフトウェアに対しては現実的な反復モデルです．このモデルは，アジャイル開発と同様の反復単位の反復をもちますが，一つの開発プロジェクトのなかで，四つのフェーズ（中間工程）を設けています．すなわち，方向付け (inception) フェーズ，推敲 (elaboration) フェーズ，作成 (construction) フェーズ，移行 (transition) フェーズで，それぞれのフェーズのなかで，複数の反復を実行します．RUP の考え方を導入し日立製作所で活用している開発プロセス ISPD のプロセス[3]を図 5.2 に示します．

　このなかで，アーキテクチャーを適応的に決定していく推敲フェーズでは，主に，進化型の反復開発を行います．推敲フェーズで決定したアーキテクチャーに従ってソフトウェアを実装していく作成フェーズでは，主に漸増型の反復を採用します．このように，大きなフェーズで，進化型と漸増型を使い分けるのが，RUP の特徴です．また，RUP では，大きな機能の実装を複数の反

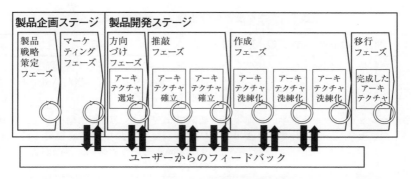

図 5.2　RUP にもとづく日立製作所内での反復開発プロセス ISPD

復単位をまたがって開発することを認めています．すなわち，各反復でリリース品質にしなければならないというアジャイル開発の原則とは異なり，RUPでは作成フェーズで漸増的な反復を繰り返す場合でも，各反復の終了時にソフトウェアの品質が悪かったり，中間成果物しかない場合があります．

　RUP は極めて現実的なプロセスモデルです．米国で「アジャイル開発を実施している」と称しているソフトウェアベンダーの多くは，純粋なアジャイル開発ではなく，RUP または RUP の要素を導入しています．しかし，RUP には良いことばかりではありません．RUP は，ウォーターフォール型開発やアジャイル開発に比べて柔軟性が高いといった良い面もありますが，その反面，例えば「工程の後戻りはしない（ウォーターフォール型開発）」とか「すべての反復の成果はリリース品質（アジャイル開発）」といった開発プロセスを構築する際の制約条件が強くないともいえます．このため，RUP を採用しようとするプロジェクトでは，個別にスケジュールや品質を熟考して開発プロセスを計画する必要があります．プロジェクト計画が不十分なままでスタートした場合，「推敲フェーズがいつまでも終わらない」「移行フェーズに大量な不良を持ち越す」というような問題が頻発する危険性もあるので十分に注意が必要です．

表 5.1　主な反復型の開発プロセスの比較

#	開発プロセス	進化型	漸増型	説明
1	アジャイル開発	○	○	進化型，漸増型のどちらも適用可能だが，反復終了時にリリース可能な品質であることが条件.
2	ラショナル統一プロセス	前半○ 後半△	前半△ 後半○	推敲フェーズまでは進化型中心で，作成フェーズは漸増型中心. 反復終了時にリリース品質という制約は，推敲および作成の両フェーズともにない.
3	クリーンルーム手法	×	○	設計に従って漸増的に実装. 各反復でフォールトがないことが求められる.
4	プロトタイピングを使ったRAD	○	×	迅速に動作するソフトウェアを開発し，適応的に良いソフトウェアにしていく手法.

(3)　アジャイル開発と各種反復型のプロセスとの違い

　アジャイル開発では RUP のようなフェーズは(原則として)ありません. またアジャイル開発での反復は，進化型でも漸増型でもどちらでも構いません. しかし，「反復期間は固定である」「インクリメントはリリース可能な品質を確保しなければいけない」という制約がある点が RUP と大きく異なる点です.

　主な反復型の開発プロセスの比較を表 5.1 にまとめました.

Q & A

Q39　アジャイル開発とスパイラルモデルの関係は？

A39　スパイラルモデルは，もともと「リスクをキーにしたソフトウェア開発プロセス導出法」です. アジャイル開発においても，プロダクトバックログの管理方法の

モデルとして活用可能です．

　前項の質問で，「スパイラルモデル」による開発が出てこないことを不審に思った読者もいるかもしれません．スパイラルモデルも，アジャイル開発と同様に誤解されやすいソフトウェア開発プロセスです．「誤解の程度」からいえば，スパイラルモデルへの誤解はアジャイル開発への誤解よりも深刻で，日本だけでなく米国でも誤解が蔓延しています．

　スパイラルモデルの出典は，多くのソフトウェア工学のモデルを提案したことで有名なB. W. ベームが，1980年代後半に書いた論文[4]です．この論文でのスパイラルモデルは，「あるソフトウェア開発プロジェクトでどのような開発プロセスにしたらよいか」といった，採用すべきプロセスモデルを導くための方法論です．具体的には，「開発するプロジェクト，プロダクトのリスクをアセスメントし，そのなかで一番大きなリスクから順に解決するようにプロセスを組み立てよ」といった，「リスクをキーにしたソフトウェア開発プロセス導出法」でした．

　ところが，このスパイラルモデルを使って導出されるソフトウェア開発プロセスの多くは，反復的にソフトウェアを開発しては改善するという進化型の反復プロセスに近いプロセスになったため，スパイラルモデル自体が，進化型開発の代名詞のような誤解が生まれてしまいました．ベームの原著によれば，「スパイラルモデルはプロジェクトの主要な属性により，他の主要なプロセスモデルと同一になる」とあり，そのなかの例として，「操作性や性能のリスクは低く，予算やスケジュールのリスクの高いプロジェクトに対してスパイラルモデルを適用するとウォーターフォールモデルと同一になる」とさえいっています．これは，多くの人が思っている「スパイラルモデル」とは違うはずです．

　1980年後半のIEEEの「ソフトウェア工学用語集」では，スパイラルモデルは本来のリスク駆動のプロセス生成の意味のみが載っていました．1990年中頃には，本来の意味と，進化的な反復型の開発の両義を載せていましたが，現在では，本来の意味は消えており，「要求分析，予備的および詳細な設計，

コーディング，統合，およびテストといった，ソフトウェア開発の構成要素アクティビティをソフトウェアが完了するまで繰り返し実行されるソフトウェア開発プロセスのモデル」となっています．日本だけでなく，海外でも誤解されてしまっているのが現状です．

　スパイラルモデルの悲劇は，スパイラルモデルの意味が変化し，進化型の反復型開発と同様の意味になったことではありません．試行錯誤的なプロセスという概念が「進化型」といわれようと「スパイラル」といわれようとそれは用語の問題で大きな問題ではありません．「強く残念だ」と著者(居駒)が思うのは，もともとのスパイラルモデル論文で著者がいわんとした，「特定のソフトウェア開発の特性に合った開発プロセスの導出方法を決める」という本質的に必要な作業が，スパイラルモデルの意味の変質とともに，現場であまり議論されなくなってしまったということです．

　スパイラルモデルの本来の意味でアジャイル開発を考えてみましょう．スパイラルモデルのリスク主導の開発プロセス設計は，アジャイル開発では各反復でのプロダクトバックログのマネジメントの方法論といえます．すなわち，ある反復の結果にもとづき，「どのプロダクトバックログ項目を次の反復で実施するのか」を決定するときの基準として，そのソフトウェア開発において，その時点で一番リスクの大きい項目から選択するという方法論になります．この文脈では，スパイラルモデルは現在でも生きているといってもよいでしょう．

　なお，Q41で述べているソフトウェア開発プロセスの導出方法は，リスク主導の方法ではありませんが，もともとのベームの問題認識と同様の問題認識にもとづいた方法です．

Q & A

Q40 ソフトウェアプロトタイピングとの違いは？

A40

プロトタイピングは，ソフトウェア開発プロセスの一部の技法です．アジャイル開発の原則である常にリリース可能なものを作り続けるというような原則もありません．

開発の早期段階で実際に動作するソフトウェアを使って，そのソフトウェアに求められる品質特性，例えば利用性や効率性などを確認する手法として，ソフトウェアプロトタイピングがあります．このソフトウェアプロトタイピングとアジャイル開発はどのような関係にあるのでしょうか．

プロトタイピングでのメリットの多くは，アジャイル開発でカバーできますが，例えば，本番での製品とはまったく異なったプラットフォームでの実験的な操作性評価といったようなプロトタイピングは，アジャイル開発ではカバーできません．したがって，ウォーターフォール型の開発であれ，アジャイル開発であれ，必要に応じて(応用動作として)プロトタイピングを行ったほうがよい場合はあります．

一点，プロトタイピングするときの注意点を説明します．プロトタイピングはあくまで「何らかの評価を行うことが目的」です．「プロトタイプを作ること」が目的になってしまい，それを使って本来の目的である評価を忘れてしまうような失敗がよく起こります．例えば，「エンドユーザーの操作性を評価するためにプロトタイピングする」という当初予定だったのに，プロトタイプを作り始めたら工程が遅れ始め，プロトタイプは作ったが操作性は評価されず，時間がなくなったのでプロトタイプをそのまま製品にしたら，もともと操作性評価が目的だったため，内部の設計が十分でなく信頼性が劣悪になってしまった……という事例です．この原因はプロトタイプ自体にはなく，プロトタイプを誤用したせいです．

アジャイル開発とプロトタイピングの主な相違を表5.2にまとめました．

表5.2　アジャイル開発とプロトタイピングの違い

	アジャイル開発	プロトタイピング
評価対象のソフトウェア	そのまま最終成果物	使い捨て，または最終成果物
開発プロセス内の位置づけ	全体のソフトウェア開発プロセス	全体の開発プロセスのなかの一部
実施回数	継続的に実施	原則的に一回

Q & A

Q41　どのようにソフトウェア開発プロセスを設計するのか？

A41　あるプロジェクトでのソフトウェア開発プロセスは，そのプロジェクトの特性に従って一つひとつ異なったものにするのが本来の姿です．本項では開発するソフトウェアの品質特性に着目したソフトウェア開発プロセス設計法を紹介します．

　従来，大規模ソフトウェア開発組織の多くは，その組織の標準的な（多くの場合，ウォーターフォール型の）開発プロセスがあり，ソフトウェア開発プロジェクトを始める際には，原則的には，その開発プロセスを採用していました．ソフトウェア開発プロセスを統一することは，組織的にソフトウェア開発ノウハウを収集したり，人材の流通を促進するなど，メリットも多いといえますが，ソフトウェアや開発プロジェクトの多様性が増している現在では，プロジェクト自体が失敗するというリスクも増えます．一方，アジャイル開発に取り組もうとする組織が，その組織の唯一の標準ソフトウェア開発プロセスとしてアジャイル開発を採用したとします．おそらく，この取組みにはメリットもあるでしょうが，従来と同じような画一プロセスによるデメリットもあるはずです．

　ソフトウェアや，それを取り巻く環境が多様化している現在，組織で画一的なソフトウェア開発プロセスを採用するのではなく，一つひとつのソフトウェア開発プロジェクトで，自分たちのプロジェクトの性質，自分たちのソフトウェアの性質，自分たちに与えられた制約条件の性質に従って，最適なプロセスを組み立てることが必要になってきています．このときに，まったく無節操に開発プロセスを決定するのではなく，組織として何らかの基準に従って，そのソフトウェア，またはプロジェクトに最適な開発プロセスを設計する必要があります．本項では，品質特性を指向したソフトウェア開発プロセスの設計方法を説明します．

■ソフトウェア開発プロセス設計の概要

　開発するソフトウェアに求められる広義の品質特性の重要度と確定度から，それらの確保プロセスを設計します．重要な機能や品質特性，懸案事項をできるだけ早期工程で評価，確認，解決できるようなソフトウェア開発プロセスを導出することを目標とします．

1）　ステップ1：管理単位の分割

　ソフトウェア開発プロセスを設定する単位を決めます．一つのプロジェクトだから，一つのプロセスモデルを採用するのではなく，単位ごとに採用するソフトウェア開発プロセスは変えても構わないと考えます．「分割して管理せよ」という原則は，ソフトウェア開発でも有効です．図5.3の例のように複数の管理単位に分割し，その特性によってプロセスモデルを決める方針とします．もちろん，結果として，すべての管理単位がアジャイル開発になる場合もあります．一つの管理単位は，一つのスクラムチームが2，3カ月程度で開発可能と思われるレベルぐらいを想定しています．

2）　ステップ2：管理単位ごとの重要な品質特性の抽出

　ある程度，大きな単位で分割すれば，自然と重要な品質特性は異なってきま

#	管理単位	担当チーム	見積規模
1	開発ソフト全体	チームX	50KLOC

#	管理単位	担当	見積規模
1	基本機能	担当A	10KLOC
2	付加機能1	担当B	20KLOC
3	付加機能2	担当C	20KLOC
4	関連ハード	担当D	－

図5.3　ソフトウェア開発の管理単位の分割（例）

#	管理単位	担当	見積規模	品質特性重要度				
				機能性	利用性	効率性	保守性	移植性
1	基本機能	担当A	10KLOC			◎		○
2	付加機能1	担当B	20KLOC	◎	◎			
3	付加機能2	担当C	20KLOC	◎				
4	関連ハード	担当D	－				◎	

図5.4　重要な品質特性の抽出（例）

す．MVC モデルにもとづく構成になっているソフトウェアであれば，ある部分（例えば V）は使用性が重要であり，ある部分（例えば M）は，機能性やデータの保全性などで入念な設計が必要であり，ある部分（例えば C）は効率性や信頼性が重要となるでしょう．そのように管理単位ごとに重要な品質特性を図5.4 のように列挙します．ここで，ソフトウェア全体として重要な品質特性と管理単位で重要な品質特性は必ずしも同じでなくても構いません．例えば，「全体のユーザビリティを保証するために，この管理単位は性能を最優先」ということもあり得ます．

3）　ステップ3：管理単位ごとの仕様確定度のアセスメント

品質特性としては重要でもすでに確立された技術で品質確保可能なものと，そうではないものがあります．品質特性としては重要でなくても，導入品などで，その品質が未知という場合もあります．また，開発側では仕様を確定したつもりでも，顧客の要求や，ハードウェアの仕様が変更する危険性があると

いった場合もあるでしょう．このステップでは**図5.5**のように管理単位ごとに，仕様の確定度に不安のあるものを列挙します．

4） ステップ4：全体の工程のなかでマイルストーンを設定

ステップ2，3で抽出した，重要な品質特性，仕様確定が不安な項目について，「決められた期限のなかで，どの日までに問題を整理・解決し，高品質を確保するか」を**図5.6**のようにマイルストーンレベルで設定します．例えば，エンドユーザーの操作性が重要な管理単位に対して，「どの日までに大まかな操作性を設計し，どの時点で(擬似)エンドユーザーを使って評価し，どの時点で最終的な仕様を確定させるか」を決めます．仕様確定が不安な項目のなかには，この時点で，「工程を再設定する」というマイルストーンを設定する場合もあるでしょう．この場合，必ず全体の工程の半分未満のところに工程再設定

#	管理単位	担当	見積規模	品質特性重要度					品質特性確定度			
				機能	利用性	効率性	保守性	移植性	実現性	機能	利用性	効率性
1	基本機能	担当A	10KLOC			◎		○		△		
2	付加機能1	担当B	20KLOC	◎	◎						△	
3	付加機能2	担当C	20KLOC	◎					△			△
4	関連ハード	担当D	−					◎	△	△		

注）　△：不確定（不安）

図5.5　仕様確定度のアセスメント(例)

#	管理単位	担当	見積規模	品質特性重要度					品質特性確定度				仕様確定期限	実装提供期限
				機能	利用性	効率性	保守性	移植性	実現性	機能	利用性	効率性		
1	基本機能	担当A	10KLOC			◎		○	◎	△			20/07/08	20/09/04
2	付加機能1	担当B	20KLOC	◎	◎						△		20/08/20	20/10/10
3	付加機能2	担当C	20KLOC	◎					△	△				20/10/10
4	関連ハード	担当D	−					◎	△	△			20/08/01	20/10/10

図5.6　マイルストーンの設定(例)

のようなマイルストーンを入れるように設定します.

5）　ステップ 5：開発プロセスの決定

　ステップ 4 で設定したマイルストーンを満足するように，ソフトウェア開発の工程を**図 5.7** のように設定します. 管理単位によっては，ウォーターフォールに近い工程設定が最適なものもあるでしょうし，実装レベルで評価をしないと，ステップ 4 の要求を満たせないようなこともあるでしょう. 当然，管理単位で違うプロセスモデルを採用することもあり得ます.

　開発プロセスモデルはあくまでモデルです. 実際に実行する開発プロセスは，実行しようとするソフトウェア開発プロジェクトや，開発するソフトウェアそのものの特徴を踏まえて（モデルは考慮するにせよ）一つひとつプロセス設計するものだということは，強く肝に銘じたほうがよいでしょう.

6）　ステップ 6：品質バックログ項目で重要品質施策を決定

　特に重要だと特定された品質特性（信頼性，効率性，使用性など）に関して，マイルストーンで設定した目標を実現するために各工程で行う施策を決めます. 信頼性が重要な管理単位の場合は，各工程で使用する技法やツール，定量的な目標値を決定します.

　アジャイル開発の場合，Q21 で示した品質バックログの計画が本ステップに相当します.

#	管理単位	担当	見積規模	品質特性重要度					品質特性確定度				仕様確定期限	実装提供期限	参考にする開発プロセスモデル
				機能	利用性	効率性	保守性	移植性	実現性	機能	利用性	効率性			
1	基本機能	居駒	10K			◎		○	◎	△				20/09/04	アジャイル開発
2	付加機能1	A	20K	◎	◎							△	20/20/01	20/10/10	RUP
3	付加機能2	B	20K	◎					△	△				09/10/10	ウォーターフォール型
4	関連ハード	C	－				◎		△	△			09/08/01	09/10/10	－

図 5.7　参考にする開発プロセスモデルの決定（例）

■第5章の参考文献

［1］　二木厚吉監修，佐藤武久，大規繁，金藤栄孝著(1997)：『ソフトウェアクリーンルーム手法』，日科技連出版社.

［2］　ウォーカー・ロイス著，日本ラショナルソフトウェア監訳(2001)：『ソフトウェアプロジェクト管理』，アジソン・ウェスレイ・パブリッシャーズ・ジャパン.

［3］　香西周作，四野見秀明，大谷雄史，天野和季：「大規模ソフトウェア製品開発向け反復型プロセスと適用」，SPI Japan 2011 発表資料(https://www.jaspic.org/event/2011/SPIJapan/session2A/2A1_ID015.pdf)

［4］　Boehm,B.W.(1988)："A spiral model of software development and enhancement", IEEE Computer, Volume. 21, Issue. 5, pp.61-72.

## 第 6 章

アジャイル開発における品質保証部門の活動

　アジャイル開発に関する従来の書籍では，品質保証部門に関する話は，ほとんど語られていません．それでは不要なのかと言われれば答は「No!」です．本章では，日本が今後アジャイル開発で世界的に優位に立つための鍵の一つとして，アジャイル開発における品質保証部門の活動事例を紹介します．

Q & A

Q42 アジャイル開発採用時，品質保証の実施方法を変える必要があるか？

A42 従来のウォーターフォール型で実績のある品質保証の組織体制や方法が，アジャイル開発においても有効かは自明ではありません．多くの組織では，その体制や品質保証の実施方法に対して多くの見直しをする必要が出てくるでしょう．

　製品やサービスを提供するすべての組織は，提供している製品やサービスの品質を保証する必要があります．品質保証はどの企業でも必要不可欠な業務機能といえるでしょう．これは，ソフトウェア，ハードウェアに限らず，ましてや，ソフトウェアの開発方法には依存しません．すなわち，アジャイル開発で開発されたソフトウェアやそれを使ったサービスであっても，何らかの手段で

その品質を保証することは今後も必要になります.

　一方，従来のウォーターフォール型で実績のある品質保証の組織体制や方法が，アジャイル開発においても有効かは自明ではありません. まず，ウォーターフォール型のソフトウェア開発とアジャイル開発では，その方法や品質の評価方法が大きく異なる部分があります. 従来の方法で，これまでどおり機能する組織や方法もあるかもしれませんが，多くの組織では，その体制や品質保証方法に対して多くの見直しをする必要が出てくるでしょう.

　それでは，組織や方法を見直した結果,「これが，アジャイル開発の品質保証組織である」「アジャイル開発でのソフトウェアやサービスはこのように品質保証せよ」という理想のアジャイル開発対応の品質保証組織を示せるかというと，筆者は難しいと考えています.

　従来のウォーターフォール型が主体のソフトウェア開発組織であっても，品質保証部門の位置づけは，組織によって大きく異なっているのが現状です. 品質保証部署の業務として，開発されたソフトウェアに対して厳格に品質保証の立場からテストを行いその品質を保証するような業務が主体の組織もあるし，テストは一切行わずに開発部隊の工程での作業やその結果を監査するような業務のみの組織もあります. 会社組織のなかでの位置づけとしても，開発部署から独立している品質保証組織もあるし，開発部署のなかのテスト部隊を品質保証部署とよんでいる組織もあるでしょう. このような，ソフトウェアの品質保証体制の多様性は，アジャイル開発になっても変わらないでしょう. なぜならば，品質保証体制の置き方，品質保証の業務機能の考え方というのは，開発方法というよりも上位の企業や組織の理念にもとづくものだからです.

　このような現状を踏まえ，アジャイル開発において品質保証部門の組織体制や業務機能を考えるときにどのような点に着目し，どのようにその組織体制や業務機能を組織内に組み込んでいくべきかを以降の Q&A で説明していきます.

Q & A

Q43 アジャイル開発の品質保証で意識しておくべきことは？

A43 大きな観点として，「アジャイル開発の技術的な理解」「開発者のモチベーションに対する考慮」「自組織の品質に対するポリシーの理解」の3つについて意識しておく必要があります．

(1) アジャイル開発の技術的な理解

　当たり前のことですが，アジャイル開発がどのようなものなのかについての深い理解が必要です．品質保証部門のメンバーもこれまでの開発方法の延長や差分で理解するのではなく，アジャイル開発は，どのようなものかをよく理解したうえで，品質保証の業務機能を検討しましょう．

　アジャイル開発は，決して試行錯誤的にソフトウェアを開発するような未成熟な開発プロセスではなく，技術的なバックボーンに加え，多くのプロジェクトの経験を経てきた成熟度の高い開発プロセスです．このことを品質保証の担当者や管理者も十分に理解することが，アジャイル開発における品質保証業務成功の第一の鍵となるでしょう．

(2) 開発者のモチベーションに対する考慮

　アジャイル開発の品質保証業務を検討するうえでぜひ意識しておきたい点の一つは「人間らしさとかモチベーションを重要視した」開発スタイルであるということです．

　アジャイル開発というと優先順位の高いものから動くものを早く提供し，評価をしてより顧客の要求に合ったソフトウェアを提供するといった開発プロセスの特徴や，それを支えるテスト駆動開発（TDD），継続的統合（CI）等の各種

アジャイル開発の技術的なプラクティスがまず挙げられます.

　しかし，それらと並んで，「アジャイルソフトウェア開発宣言」にあるような，開発スタイルや価値観から見たアジャイル開発があります．これによりスクラムチームの各メンバーは自律的に行動し，目標に向かってチームの成長に貢献したり（自己組織化），チームに最適な方法をふりかえり，改善しながら進める（継続的改善）というモチベーションを重視しています.

　筆者もこれまでいくつもの開発プロジェクトに携わってきましたが，モチベーションに勝る生産性はないことや，品質もモチベーション次第で大きく変わるということを肌で感じてきました．品質保証部門はこの部分も大切にして，「自己組織化されたチームの力を最大限に発揮させること」を意識しながら活動をしてもらいたいと思います.

(3)　自組織の品質に対するポリシーの理解

　組織にはそれぞれ，品質に対する組織固有のこだわりがあるはずです．また，それを体現したような品質ポリシーに対応して，多くの業務機能や施策が定められています．アジャイル開発の適用によって，業務機能や施策のなかで見直す部分も多く出てくるでしょう．しかし，他の多くの品質に対する業務機能や施策は，ソフトウェア開発プロセスが大きく変わっても生き続けるでしょう．このときに，単に，アジャイル開発の原則や，開発者のモチベーションだけを考慮して品質保証の業務機能を構築しても，中長期的な観点では失敗するでしょう.

　自組織の品質に対するポリシーをよく理解し，そのうえで，アジャイル開発の利点を活かして自組織の業務機能や施策を考えることにより，組織として継続的に良い製品やサービスを提供していくことが可能になります.

Q & A

Q44 これまでのソフトウェア品質保証では何がダメなのか？

A44 プロセス QA の観点では「自己組織化されたチームの力を最大限に発揮させる」という視点で全面的な見直しが必要です．プロダクト QA の観点では，従来の開発用ドキュメント等，中間成果物のチェックのプロセスの過程の全面的な見直しが必要です．

　ソフトウェア開発段階での品質保証活動を大きく分けると「開発プロセスに対する品質保証(以下，プロセス QA)」と「成果物に対する評価・テストによる品質保証(以下，プロダクト QA)」があります．これ自体は従来のウォーターフォール型の開発でもアジャイル開発でも変わりはありません．では，アジャイル開発の品質保証をするときに，従来有効だった品質保証施策をそのまま実施して効果があるでしょうか．結論からいうと，多くの施策は見直しを要するでしょう．以下，開発プロセスに対する品質保証施策の課題と，成果物テストによる品質保証施策の課題を説明します．

(1)　アジャイル開発に対するプロセス QA の課題

　プロセス QA 視点では，従来のウォーターフォール型のソフトウェア開発の場合，一般的に以下のことをしてきました．

- 過去のベストプラクティスを標準化する．
- 過去の失敗の対策をプロセス・仕組みに反映する．
- 標準に準拠しているかどうかについて工程の節目で監査・ゲート審査をする．

これらは「考えるよりも標準どおりに」という方向に進みかねず，アジャイ

ル開発における「自己組織化されたチームの力を最大限に発揮させる」という観点からいうと，逆の方向に引っ張る可能性がありそうです．レトロスペクティブ（ふりかえり）で反復ごとに改善にトライしているような自己組織化されたチームでは，標準への準拠性を厳密に監査するのはナンセンスな場合もあるでしょう．

　また，従来の開発方法で使っていた品質データ（レビュー時間，指摘件数，テスト件数，工程別バグ摘出件数予実績など）をチェックしていくプロセスQA的品質管理もそのまま適用できない場合が多いでしょう．レビューそのもののやり方や粒度の違いにより，レビュー時間や，レビュー指摘のカウントは難しくなります．テストについては，TDDでテストをしながら開発し，リファクタリングや要求変更などでのコード変更などもあるなかで，テスト件数やバグ件数の計測ができなかったり，毎回の反復で評価してもうまくいかないことは容易に想像がつきます．そのほか，これらのプロセスQA的活動を従来どおり実施することは，上述の「自己組織化されたチームの力を最大限に発揮させる」という観点からも，モチベーションを落とす危険性があります．

(2)　アジャイル開発成果物に対するプロダクトQAの課題

　プロダクトQA視点では要求や仕様のドキュメントを対象にその完成度を評価したり，完成ソフトウェアをテストして品質確認をしていきます．アジャイル開発でもこれらのドキュメントを書かないわけではありませんが，ウォーターフォール型の開発でのドキュメントとは位置づけが違うことに気をつけなければなりません．すなわち，多くの従来のドキュメントは，上流の設計などの結果を誤りなく下流の（多くの場合）他の人間に実装させるための情報を記述するものでした．一方，アジャイル開発では，上流から下流へ情報伝搬のようなドキュメントはそもそも不要で，必要なのは，複数コンポーネントの共通情報や，ソフトウェアのライフサイクルにおけるアーキテクチャー的な情報です．特に，前者のようなドキュメントを対象とした，ドキュメントのチェックリストやレビューのチェックリストなどがあった場合，各項目に関して必要性の有

無を一から見直ししたほうがよいでしょう．

　一方，これまでの QA のテストは一般にはこの（不要だと書いた）仕様ド
キュメントをもとに QA としてのテストを実施していたため，アジャイル開
発で有効なテストが難しくなっているのも事実です．この問題に対しては，設
計書を使った QA テストではなく，各ユーザーストーリーに対応した，スプ
リントバックログ項目に対して，QA 視点での DoD をスプリント計画時に漏
れなく入れて，それを反復内で確認する方法があります．そのほか，Q47（4）
に説明があるように，品質保証メンバーが開発チームへ参加してテストアプ
ローチを検討するのも有効です．

Q & A

Q45 ウォーターフォール型の開発での品質保証施策をそのまま適用するとどのような弊害があるのか？

A45 ウォーターフォール型の開発を前提にした中間成果物のチェックなどには意味がないので，これを強制的に適用させようとすると開発者のモチベーションを著しく損ねます．

　ウォーターフォール型の開発で養った伝統的な品質保証のアプローチは，そ
のままでは使えません．「この使えない」という意味が，「使おうと思っても使
うことができない」ということであればよいのですが，実際には，多くの従来
施策は，実行しようと思えば実行できてしまうものがあります．例えば，ア
ジャイル開発の反復を，従来の工程とみなして，中間品質を計測するようなこ
とも可能ですし，アジャイル開発においても反復内で閉じる作業に関しても詳
細なドキュメントを書かせてレビューをすることも不可能ではありません．し

かし，無理やり当てはめて得られたデータは，ほとんど意味がないものでしょう．また，意味の薄いデータを採取するために，アジャイルに取り組む開発者のモチベーションを落としたり，QA と開発者の間に摩擦が起きるような事態は極力避けたいものです．実際，アジャイル開発を始めた開発者たちからは，「品質保証部門の対応が厄介で頭を悩ましている」というような話を聞くこともあります．そうならないためにも，品質保証部門自体が，本書の前半にあるような，アジャイル開発の本質を理解するとともに，後述の品質保証部門の取組み事例や提案を参考にして，むしろ積極的に開発および品質保証のアジャイル化に寄与する立場となってもらえればと思います．

Q & A

Q46　アジャイル開発における品質保証担当者の位置づけは？

A46　たとえ品質保証部署に属する品質保証担当者であっても，アジャイル開発においてはソフトウェア開発チームに加わるのがよいでしょう．

アジャイル開発におけるソフトウェア開発チームはメンバー一人ひとりに固定的な役割を割り当てません．ある反復では，設計，コーディング，テストという作業は必要ですが，それを実施するのは前の反復とは異なったメンバーかもしれません．このとき，品質保証担当者はどのような位置づけにするのがよいでしょうか．

本書で考えている品質保証担当者は，顧客の立場からソフトウェアを最終的に確認する技術者なので，一般の開発者とは少し異なる役割に見えます．しかし，品質保証担当者が，チームの外部から単に品質の最終確認フェーズのみ担当するのは，アジャイル開発という観点からも早期に品質を確保するという本

書の立場からも異なります.

このため，たとえ品質保証部署に属する品質保証担当者であっても，アジャイル開発においてはソフトウェア開発チームに加わるのがよいでしょう．これは，品質保証担当者が本務を捨てるということではなく，アジャイル開発での開発チーム自体が品質保証の役割を担っていると考えてください．開発チームが，反復で実行することを期待される品質保証観点の作業例を以下に示します.

- 反復での利用時の品質を意識したテストの実施(すなわち妥当性確認)および自動化されたそれらのテストの開発・保守
- スプリントレビューおよびスプリント計画における品質バックログに関するプロダクトオーナーの補佐
- レトロスペクティブにチームメンバーへの品質意識を醸成すること．もし可能なら，レトロスペクティブをリードして，開発チーム全員が「良いソフトウェア」を作る意識を醸成すること.

実際の活動事例については，Q47以降を参照してください.

Q & A

Q47 アジャイル開発での品質保証部門の取組みにはどのような方法があるのか？

A47 「アジャイル開発では品質保証部門はこう活動しろ」といった決定的な取組みは存在しません．成功したといえないような取組みも含め，筆者が試行またはヒアリングした取組みと得られた気づきを紹介します.

筆者は，「ウォーターフォール型および非ウォーターフォール型のソフトウェア開発でどのように品質保証を行うか」という観点での組織化を複数経験してきました．特にアジャイル開発においても開発部隊と品質保証部隊で，いろいろな組織構成および業務機能の連携を実際に経験したり，または他部門の

取組みやアイデアをヒアリングしてきましたので，いくつか紹介します[1]．

- 反復の完了後にシステムテストを実施する．
- パイプライン的な並行品質保証方式をとる．
- ウォーターフォール型と同様のプロセス監査をする．
- スクラムチームに参加する．
- スクラムチームとしてのエンドゲームを主導する．

　このなかには，成功したといえないような取組みもあります．しかし，それも含めてこれまでどのようなことを試行し，どのような気づきを得たかを読者の組織での品質保証体制を計画するときの一助になることを期待して紹介したいと思います．

(1)　反復の完了後にシステムテストを実施する

　従来ウォーターフォール型の開発と同様の品質保証施策として，開発後のシステム全体の最終版に対してテストすることで品質の見極めを試みる方法です．このとき，開発中の各反復に対するプロセス QA 的なアプローチは実施しませんでした．

　この場合，品質保証部隊は，開発中は開発チームに加わっておらず，その開発や成果物で何が大事なのかわかりません．結果としてメンバーの価値観を共有できず，アドホックな確認にとどまってしまい，効果的なシステムテストおよび品質保証にはなりませんでした．

　この教訓は以下のとおりです．

- 開発とテストでチームを分けると価値の共有が難しくなる．
- 最後にチームに入るにしてもプロセス QA など何らかの形で途中に入って，テストのための暗黙知を得るアプローチを考えるべきである．
- テストに対しては，プロダクトオーナーと連携して，何が価値になるかの認識やゴールを共有しなければ，有効なテストの実現は難しい．

1）　筆者(梯)がリーダーを務めた，日本科学技術連盟「ソフトウェア品質保証部長の会」(2014年度)の報告[1]を参考にしました．

(2) パイプライン的な並行品質保証方式

　品質保証部隊をスクラムチームの外側に置き，各反復でのインクリメントを品質保証部隊が独立したテストで品質を確認する方法です．ただ，単に品質保証部隊のテストを反復の後（または後半）に行うのでは，各反復および全体の開発期間が延びてしまうため，品質保証のテストは，通常の開発チームの反復と品質保証テストの反復を1反復ずらして実施します（図6.1）．

　この方法は，非ウォーターフォール型のRUP的な開発で過去に採用したときに効果がありました[2]．しかし，アジャイル開発では，実施当初うまく機能しませんでした．まず，開発の第1反復の受入テストに失敗し，第1反復を2回やることになったのです．その後も，品質保証部隊の反復での摘出バグや問合せ対応で開発チームが先行して実行している反復の進捗が阻害され，アジャイル開発の生命である反復サイクルがうまく回らなくなりました．

　この取組みの教訓としては，「アジャイル開発の反復のタイムボックスは崩してはいけない」ということです．タイムボックスを保つためには，開発チームのインクリメントが品質保証の反復でほとんど問題が起きない，かつ，問題の切り分け等で開発チームに割り込みが入らない必要があります．この事例では，開発チームの反復終了時点で受入テストができない品質では，そもそも反復が回らず，開発者側も品質保証部隊のテストに期待して，反復内でのテストがおろそかになっていました．

　もう一点の教訓として，「インクリメントをどの時点で評価するか」という問題もありました．開発チームの反復終了時に評価した場合，その後の品質保

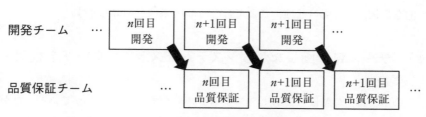

図6.1　パイプライン的な品質保証方式

証テストでリリース可能と評価されたものが覆される危険性があります．品質保証テストの後にプロダクトオーナーが評価する場合，その評価で品質保証テストも含めて否定されることがあり，場合によって大きな手戻りになります．これについては，品質保証テストを実施するメンバーがプロダクトオーナーと連携することで改善が期待できるでしょう（後述の(4)の「4）　プロダクトオーナーの補佐」を参照）．

(3)　ウォーターフォール型と同様のプロセス監査

　アジャイル開発での品質管理方法が確立されていない時点で，これまでのウォーターフォール型の開発プロセスで実績のある品質指標を当てはめて確認することにした事例です．

　従来の品質指標（テストケース数，レビュー回数，摘出バグ件数等）を毎回の反復で採取し，反復時のデータでは良し悪しは判断できないにしても，完成時に各反復の値のすべてを合計すると，アジャイル開発でも従来の値に近くなるということを期待したものです．結果は，予想どおり，反復ごとの値がまちまちで，開発途中の品質見極めが困難でした．また，最後にならないと品質の良し悪しはわからず，効果はあまり感じられませんでした．そのほか，品質指標を採取する方法が自動化されていない部分があり，開発チームに負担がかかり，結果的に開発者からの評判も良くありませんでした．

(4)　品質保証メンバーのスクラムチームへの参加

　品質保証のメンバーがスクラムチームのなかに入って活動する方法では，効果的な事例が多くあります．ここでは，5つの事例を紹介します．

1）　チームに参画しながらシステムテストアプローチを検討・実施

　この例では，QAはもともとシステムテストをする役割をもっていましたが，アジャイル開発を始めるに当たり，ウォーターフォール型開発のようなドキュ

メント(すなわち，テスト設計の入力になるもの)が不足することが課題でした．そこでまずは朝会からチームに参画し，参画度を増やしていきながらドキュメントにない暗黙知をできるだけ共有して補いました．しかし，それでも暗黙知の不一致は起きます．そこで，QA はなぜその情報が必要か実例を出したりして，説明することで，設計者のドキュメントを書くモチベーションを上げていったのです．

　また，抽象度を一段上げたポリシーみたいなものを書いておいて，それを読めば詳細はどうなるかわかるようにしたことも有効でした．はじめのうちはコミュニケーションが足りず，うまくいきませんでしたが，だんだん価値観やゴールが共有されて，スムーズにいくようになっていったのです．

　QA の価値や知識を設計にインプットできれば設計者はありがたいはずです．QA のテスト観点を設計に早くインプットしていきたい．特に QA のシステムテストの Validation 観点の共有は効果があります．

　ウォーターフォール型も同じですが，設計者は顧客要求に合った観点が欲しいのです．これをどう得るかが課題ですが，QA はプロダクトオーナーに寄り添い，顧客要求や求める価値を常に意識しながらスクラムマスターと連携して，それを開発者と共有することを心がけてほしいと思います．

2)　データで示して，開発者に気づきを与える

　QA がチームに入って，テストインシデントやテストケースもバックログとして管理したり，バーンダウンチャートの作成，ベロシティ(開発速度)，バグ情報(重要度，頻度，残件数)などを KPI 設定して見える化していきます．これを従来の監査指摘風にやるのではなく，反復ごとの「ふりかえり」で，開発者自ら改善を推進するようにしていきます．開発者はバグの出方やバックログ，ベロシティを見て「これでは期限までに終わらない」とわかり，バグ作り込み低減方法を自ら改善するようになってきました．

3）　チームに入って多能工として活動

　QA メンバーがその枠を超えて，もっと広範囲な活動をするのも有効な場合があります．そのときの QA メンバーの役割や心得は以下のようなものです．

- コードを書く以外何でもやる意欲とスキルをもって各種役割を担当する．
- 品質問題を早期に見つけて，注意を促したり，バックログに入れる提案をする．
- ユーザーの立場になる想像力をもちプロダクトオーナーと同じ目線でユーザーにとっての価値を常に考える．
- 品質を担保するのは，チーム全員であることをメンバーと共有する．
- プロダクトオーナーと共同で ATDD（受入テスト駆動開発）のテストコードを用意・実行する．

4）　プロダクトオーナーの補佐

　反復開発での結果はスプリントレビューでのプロダクトオーナーの評価になりますが，短い時間で実施するため，プロダクトオーナーが評価を誤る危険性もあります．事前に QA がスプリントレビューでのユースケース以外の部分も確認して，プロダクトオーナーに報告しておきます．プロダクトオーナーによる評価の観点を重要なものに絞るという意味でも効果的です．

　技術面に強くないプロダクトオーナーの場合，プロダクトオーナーと連携して，プロダクトバックログの優先度づけにも関与します．

　品質保証のもっとも重要な観点は顧客視点ですから，QA のメンバーは普段からプロダクトオーナーとコミュニケーションをとり，何が求められているかを常に意識したいものです．

5）　開発チームメンバーとしてエンドゲームを主導

　アジャイル開発ではリリースの前の最後の品質向上フェーズをエンドゲームとよぶことがあります．ここでは，機能開発はやらずに，チームのメンバー全員で総合テストをしたり，バグ修正などをしたりして品質を安定させることに

専念します．チームに入った QA のメンバーがこのフェーズのリーダーとして，エンドゲームを主導します．

　最後の総合テスト計画，メンバーの役割分担，進捗管理やバグの発生解決状況などを管理して，リリースのための品質を担保します．QA のメンバーはシステムテストの経験をもち，品質の状況の管理能力もあることから，期間的な制約のあるなかで，関係者と協議しながら成功に導くことが期待されます．

アジャイル開発での QA の役割とは

　開発するソフトウェアが自社開発のパッケージ製品の場合，サポート部門など，ユーザーの声を直接聞く機会が多い技術者がプロダクトオーナーを務めることが米国では多くあります．従来は，製品企画部門とソフトウェア開発部門，フィールドのサポート部門のそれぞれが遠く離れていましたが，アジャイル開発を行うことにより，近くなってきています．

　自社の業務システムソフトウェアを開発するような場合でも，開発部署と運用部署がアジャイル開発をキーテクノロジーとして一体化してきています．

　このように，従来の開発方法ではばらばらになっていた企画，開発，運用，サポートといった業務機能がアジャイル開発を通して密接に連携，もしくは一体化が進んできています．

　ソフトウェア開発に閉じて考えてみると，ウォーターフォール型では，システム要求を決める人と，Validation する人が分かれているのが一般的です．アジャイル開発では，それが合体します．プロダクトマネージャーと，QA が合体してプロダクトオーナーという感じになるのではないかと思っています．マーケティング的な見地と，システム確認的な見地の合体です．反復で行うテストも，バグの有無という話と，スプリントレビューで評価される内容の話があり，後者のほうをプロダクトオーナーと連携し

たQAが確認できるとよいでしょう.

　一般論として,以下のことがいえるでしょう.

- プロダクトオーナーはエンジニアリング系な部分が弱い.
- スクラムマスターは,ユーザーの要求等の把握に課題がある.

　このため,QAがその両方をもつことがアジャイル開発で効果があるのではないかと思っています.特に,パッケージソフトウェアのように特定のユーザーがいないような場合,そのパッケージのサポートや,品質保証を担当するような人がプロダクトオーナーを務めるのも一案となります.

　また,受託開発でもQAがプロダクトオーナーと寄り添い顧客視点をもって,品質評価ができることが理想形と感じます.

Q & A

Q48 製品系開発のほうが,エンタープライズ系受託開発よりアジャイル開発の品質保証活動がしやすいのか?

A48 はい.製品系開発ではQAメンバーがスクラムチームで活動することも現実的ですが,エンタープライズ系受託開発のQAはスクラムチームに入りにくく活動が難しくなってくるでしょう.

　品質保証部門の活動は,製品分野によって少し主たるアプローチが異なる傾向にあります.

　組込みソフトウェアやソフトウェア製品系開発(以降,製品系)では,一般に開発・QAメンバーの流動性が低く,同一製品・分野を継続して開発,品質保証していることが多いようです.このため,ドメイン知識をもったQAメン

バーが，仕様レビューなどにも積極的に参加して，リリース前にはシステムテストを実施して，出荷するための品質見極めを行います．このため，QA メンバーもスクラムチームに入って活動を実施していくことも現実的です．

　一方，エンタープライズ系受託開発（以降，受託系）では，客先特有の業務に対応するシステムを開発するケースが多く，QA メンバーが仕様を理解できないこともあり，QA の活動はテストよりもプロセス QA 的な活動を主体にしている例が多くあります．品質確認は「決められた開発プロセスを遵守しているか」「指標の上下限値に入っているか」などのチェックをしていくことで，その良し悪しを見極めていきます．また，製品系に比べると，開発者に比べた QA 人数比率が低いことが多く，一人の QA エンジニアが複数のプロジェクトを担当していることも多いようです．この状況で，QA メンバーがチームに入って活動するのはなかなか難しいでしょう．そのほか，この受託系のウォーターフォール型の開発では，特に超上流とよぶ受注前の見積もりや，受注時やその後の要件の確定度などから実施する「プロジェクトリスク診断」が重要です．ここまで QA が踏み込んだ活動を展開して成果を上げている事例が多くなっています．しかし，段階的に要求を具体化していくアジャイル開発で適用するのは簡単ではないことは容易に想像できます．

　以上のことから，「QA が開発部門の外からの活動を中心に行ってきた受託系開発では，製品系開発に比べて，QA がスクラムチームに入りにくく，活動が難しくなってくる」と考えられます[1]．

Q & A

Q49 エンタープライズ系受託開発での品質保証活動としてはどのようなアプローチがあるのか？

A49 スクラムチームの外側からスクラムチームや他のステークホルダーと連携して開発チームの作業や環境構築などを支援する方法があります.

　本項では，スクラムチームに入ることが難しい品質保証部門でも有効な活動を説明します[2].　エンタープライズ系受託開発だけでなく，製品系開発の品質保証でも有効なものも含めてあります.

(1)　アジャイル開発の実施要否の判断を実施する

　提案・見積り時などに，「①契約リスク，②顧客体制，③社内体制，④システム難易度，⑤開発環境」という情報から，アジャイル開発適用の要否判定を実施します.

　①　契約リスク[5]

　「アジャイルで開発することによりリスクのある契約にならないか」

　ウォーターフォール型の開発で採用が多かった一括請負契約は，要求が二転三転する可能性のあるアジャイル開発ではリスクが高いといわれています.　基本契約・個別契約モデルほか各種契約形態があり，プロジェクトに合うものを採用できていることを見極める必要があります(Q32(二次外注，三次外注でもアジャイル開発は有効か？)を参照).

　②　顧客体制

　「アジャイル開発への理解度が高いか」「顧客プロダクトオーナーは常駐できるか」「開発にどのくらい関与できるのか」など

　③　社内体制

　「プロジェクトに相応するアジャイル開発経験のあるチームを編成できるか」

　④　システム難易度

---

　2)　日本科学技術連盟「ソフトウェア品質保証部長の会」(2015年度)の報告[3]，SQuBOK研究会の報告[4]を参考にしました.

社会的重要度，既存システムとの関係，他システム連携，採用すべき技術など

⑤　開発環境

「顧客先環境使用の場合，内容や開発メンバーの環境習熟度はどうか」

(2)　標準プロセスを整備する

　アジャイル開発の標準プロセスを用意し，各種チームで活用できるようにします．ここでは必ず守るべき標準というより，ガイドラインとして用意しておき，チームの成長に合わせて活用できるようにするのがいいでしょう．また，このなかに品質確認プロセスも準備しておきます．

(3)　品質計画で品質確認のプロセスを決定し，品質保証部門で確認する

　品質計画で標準プロセスとして定義された品質確認のプロセスの実施要否を決めます．もちろん標準プロセスにないものを実装するという場合もあるでしょう．このとき，この品質確認のプロセスのなかから「スクラムチーム内のメンバーで実施するもの」「スクラムチームの外にいる品質保証部門が実施するもの」を決めます．

　品質確認のプロセスはフェーズゲートのような会議体を設けることが多いでしょう．特に反復の完了判定への品質保証部門の関与は効果的です（Q20（アジャイル開発における品質関連ルールとは？）を参照）．

(4)　開発環境，品質見える化環境を整備する

　以下にある開発環境や品質見える化環境の作成にQAが参画したり，あらかじめ準備しておきます．特に品質見える化を品質保証部門で推進するのがよいでしょう．

①　開発環境

　リポジトリ，構成管理，コミュニケーションツール，CI，自動テスト

ツール

② 品質見える化

静的解析ツール結果(LOC, 複雑度, 最大ネスト数他. (Q23(アジャイル開発における保守性および移植性はなぜ問題か？)を参照), テストカバレッジ, 進捗度, CI成功率など

特に開発者に負荷をかけないデータの採取をしていくことが重要です. 見える化したデータはスクラムチームで活用しますが, 品質保証部門でチーム横断での分析を実施し, 組織的な改善に結びつけられるといいでしょう(なお, 単純なチームごとのデータ比較は意味をなさない場合[3]があるので, 要注意です).

(5) ファシリテータとして, チームの成長に貢献する

QAメンバーがスクラムチームに入れないとしても, できるだけ側にいて観察したり, 価値観を共有しながらチームに気づきを与えて自主的な是正を促したり, 改善意欲を引き立てるような活動をします. 各種イベントに参加してファシリテータとしてコミュニケーションの基盤を作ります. 例えば, 朝会に出てKPTの状況を共有します. インセプションデッキ作成にはぜひ参加して, ゴールを共有します. 反復ごとのレトロスペクティブ(ふりかえり)や開発完了後のポストモーテムではファシリテータとして役割を演じて, チームの成長に貢献します.

PDCAを回すのが, 品質改善の王道であり, 要でもあります. ウォーターフォール型の開発のような大きなPDCAではなく, クイックにPDCAを回せるアジャイル開発では, 品質保証部門としてぜひこの改善活動をファシリテート, あるいはリードしていきたいものです.

---

3) チームごとのやり方が異なったり, データの採取基準や採取タイミングが異なったりする場合があるからです. 共通な分析ができるかどうか見極めてから実施することを推奨します.

(6)　品質計画の作成支援，レビュー

第3章で記述した，品質関連のルール（Q20）や，品質バックログ項目（Q21）に対して，プロダクトオーナー，開発者，スクラムマスターを補助して，網羅性が高く，対象ソフトウェアの開発に最適な品質計画が立てられるようにします．

(7)　成功事例や失敗事例の整備と共有

アジャイル開発での事故事例を共有したり，成功事例や失敗事例を組織的に蓄積して，後続のチームが活用できるようにします．ふりかえりで有効な改善事例やポストモーテムでの反省事項のように横展開できるものを整理するなど，組織に合った有効な方法を検討できるといいでしょう．これらは，前述の品質計画の策定やチームの改善を支援するファシリテーション活動での有効な情報源になります．

Q & A

Q50　アジャイル開発の品質保証活動の画一的な実施方法はあるのか？

A50　スクラムチームのやり方がチームごとに異なるように，QAのやり方も画一的に実施するのではなく，チームで考えながら最適なやり方を決めていくことが肝要です．

　スクラムチームのやり方がチームごとに異なるように，QAのやり方も画一的に実施するのではなく，チームで考えながら最適なやり方を決めていくことが肝要です．これまでウォーターフォール型の開発での品質保証部門で各種プロセス定義をしてきた方々からは，「そんないい加減な話でいいの？」と感じ

るかもしれません．チームが自分たちのやり方をまだ確立できていないときに，初めのやり方として標準プロセスを設けるのはよいと思いますが，その標準はあくまでチームの最適な姿を見つけるまでに実施するものと考えるのがいいでしょう．品質保証部門は，「標準プロセスどおりにやっているか」ではなく，「何がチームにとって最適なのか」「自己組織化がうまく進んでるか」といった観点で考えられるとよいでしょう．

　アジャイル開発に限った話ではありませんが，「何を作ればいいかわかっている」過去の大量生産の時代は，業界全体が可能な限り標準化を推し進めていました．設計者や製造者のメンバーは多くは考えずに決められたとおりに仕事を進めることに専念すればよかったのです[4]．

　ソフトウェア開発においても，できるだけ標準化して，決められたフォーマットの帳票に設計内容を記述し，決められたチェックリストを使ってチェックして，標準化された件数のテストを実施し，決められた数の不良を摘出することを求められてきました．これは，ソフトウェア開発もハードウェア系の工業製品の生産と同様に品質管理を行い，エンジニアは決められた範囲の仕事を決められたとおりに行うことが求められたのです．しかし，これだと仕事への興味が湧きにくく，モチベーションを高く保てないこともありました．

　今や，「何を作ればいいのか」不確定で，より価値の高いものをトライアンドエラーで作るようにシフトしてきました．このときに品質保証部門が，過去の経験から標準化やルール化を強引に推し進めることで，開発者に煙たがれるということも多いでしょう．

　しかし，標準化が悪いのではなく，必要なのは画一的なものになりにくいことを念頭に置く必要があるということです．賢明な読者の方々からは，「そんなことはわかっているよ」ということで，本書を読んでいただいてるのですね．悪しからず．

　チームが自己組織化されて成長しながら開発を進めるのが理想ですが，ア

---

4)　高度成長期時代の繁栄にあるように，日本は，決められた仕事のなかでの改善は素晴らしかったのです．

ジャイル開発の法則に則った各種守るべきルールを明確にして，きっちり守るようにすることが必要です．例えば，反復期間を厳密に守ったり，DoD の遵守などができなければ，アジャイル開発は失敗するでしょう（Q20（アジャイル開発における品質関連ルールとは？）を参照）．

　なお，本章では品質保証活動をテーマに，品質保証部門という組織ありきで話を進めている部分が多いですが，「品質保証部門という専門組織構成が本当に最適なものか」という観点もあります．特に現状の組織構成において，スクラムチームに入りににくいエンタープライズ系受託開発では，新しい発想で組織論から検討することが必要かもしれないと感じています．

■第 6 章の参考文献

［1］　日本科学技術連盟　ソフトウェア品質保証の部長の会（2014）：「流行りのアジャイル，品質保証部門は何するの？」，SQIP2014（https://www.juse.jp/sqip/symposium/archive/2014/day2/files/happyou_E3-1.pdf）

［2］　坂井伸圭，中西将司，横内弘（2014）："Improving User Experience in a Large-scale Software Development Project", 6th WCSQ.

［3］　日本科学技術連盟　ソフトウェア品質保証部長の会（2015）：「スピード経営を実現するためのアジャイル開発，品質保証部門は何するの？」，第 6 期ソフトウェア品質部長の会成果発表会資料（https://juse.or.jp/sqip/community/bucyo/6/file/paper_grp5_20151109.pdf）

［4］　SQuBOK V3 研究チーム（誉田直美ほか）（2016）：「アジャイル品質保証の動向」，SQIP2016（https://www.juse.jp/sqip/symposium/archive/2016/day1/files/happyou_F1-2.pdf）

［5］　情報処理推進機構（2017）：「非ウォーターフォール型開発に適したモデル契約書の改訂版を公開」（https://www.ipa.go.jp/sec/softwareengineering/reports/20120326.html）

第 7 章

アジャイル開発の生産性とアジリティ

　一般に「アジャイル開発」と「生産性」の相性は良くありません．しかし，ソフトウェア開発組織として生産性から目を背けることは現実的ではありません．本章では，「アジャイル開発でどのように生産性を計測するのか」，さらには，「生産性よりもアジャイル開発らしい尺度はないのか」という疑問に答えていきます．

Q & A

Q51 アジャイル開発に生産性の計測は必要か？

A51 アジャイル開発でも生産性の計測は重要です．しかし，多様化している現在のソフトウェア開発環境で，無節操な生産性測定やそれによる生産性の比較などには見直しが必要です．

　同じ機能のソフトウェアを開発するとき，より高品質，より低コスト，より短期間に完成できるソフトウェア開発組織のほうが競争優位です．したがって，どのソフトウェアの開発組織においても，その品質およびコストと開発期間を定量的に計測し，改善していくことは重要です．例えば，2つのスクラムチームが同じバックログを使ってソフトウェア開発をした場合，同じアジャイル開

発を採用したからといって，すべて同じ時期に同じ成果物がリリースされるということはあり得ません．すなわち，チームまたはそれが属する組織によって成果物の量や品質，スケジュール，コストといったすべての面で大きな差が見られるのは当然ですし，結果としてユーザーの満足度も大きく異なってくるでしょう．同じ成果物であれば，良い品質や短い納期，低コストを実現したソフトウェア開発のほうが組織的に良い指標であることはいうまでもありません．したがって，アジャイル開発においても生産性や開発効率という指標が重要なのは従来から何も変わりません．

　一方，多くのアジャイル開発のエバンジェリスト，例えばファウラーなどはソフトウェア開発の生産性に意味がないといっています[1]．しかし，彼らが主張しているのは，「これまでのソフトウェア開発の生産性の計測方法や，違うチームが開発した，または開発言語の違う 2 つのプロジェクト間の生産性の比較方法に意味がない」ということです．この問題はウォーターフォール型の開発であってもアジャイル開発であっても同様です．過去，日本のソフトウェア工場型のソフトウェア開発のように，ソフトウェアの開発プロセスが厳密に定義され，複数のチームがそれぞれ違うソフトウェアを開発した場合でも，画一化された設計方法からコーディングおよびテストまで行うような場合には，開発量で生産性が比較できる場合もありました．しかし，昨今ではソフトウェアの開発環境や開発方法は多様化しており，これらの多様化されたソフトウェア開発において生産性や開発効率を無条件に規格化したり統計をとったりという方法は現実的ではなくなってきているのです．

　現状，組織的な計測が難しくなっている生産性ですが，組織として必要な尺度であることには変わりはありません．本章の Q&A では，生産性の本質とアジャイル開発でどのように生産性を計測するか，さらに，従来のメトリクスに代わるアジャイル開発の特徴を計測するようなメトリクスを紹介していきます．

Q & A

Q52 そもそも生産性とはどのような尺度か？

A52 生産性には，物的生産性と価値生産性という 2 つの考え方があり，この両者をよく理解することが重要です．

　生産性とは，あるモノを作るときに，そのために投入するインプットをどれだけ有効に使ったかを示す尺度です．一般には，次の式で表せます．

　　　　生産性＝成果量÷インプットの量

　ここで「インプットの量」とは，成果物の開発製造のために必要な要素（労働力や，その他のリソース）を合計したものです．ソフトウェア開発の場合，インプットの量としては，開発者の人月や開発費などが使われます．一方，「成果物の量」は，「モノの量」を成果量とする「物的生産性」と「モノの価値」を成果量とする「価値生産性」の 2 つの考え方があります[1]．

　　　　物的生産性＝成果物の量÷インプットの量

　　　　価値生産性＝成果物価値の量÷インプットの量

　これまで，ソフトウェア開発での生産性は，ウォーターフォール型の開発でも，アジャイル開発でも，ソフトウェアの開発規模を労力で割るという物的生産性が主でした．アジャイル開発の場合，ソフトウェア開発のビューで，単位労力当たりのソフトウェア開発規模を測ることにより，開発チームの効率性を測る生産性が測定できます．しかし，今後は，開発チームだけでなく，ソフトウェアを利用するというビューで，「どれだけ効率的にソフトウェアに価値を作り込んでいくか」というソフトウェア価値にもとづく生産性が重要になってきます（**図 7.1**）．

1） 日本生産性本部：「生産性とは」（https://www.jpc-net.jp/movement/productivity.html）

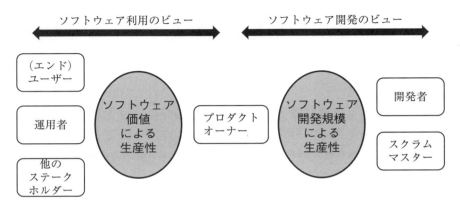

図 7.1　アジャイル開発における生産性の位置づけ

　次にアジャイル開発における物的生産性と価値生産性の求め方を説明します．

Q & A

Q53　アジャイル開発における物的生産性とは？

A53　アジャイル開発でのベロシティが物的生産性に相当します．

　Q52 で述べたとおり，ソフトウェア開発における物的生産性とは，「ソフトウェア開発のビューでのソフトウェアがいかに効率的に開発されるかを示す指標」です．従来のソフトウェア開発では，開発したソフトウェアの量として，ソフトウェアの行数（Lines of Code：LOC）やファンクションポイントが使われている場合が大部分でしょう．すなわち，ソフトウェア開発における生産性は，主に以下の式で表すことができます．

　　　開発コード量による生産性

$$= 開発したコード行数 ÷ 開発者の人月$$

または，

$$ファンクションポイントによる生産性$$
$$= 開発したファンクションポイント数 ÷ 開発者の人月$$

　一方，アジャイル開発の場合はどのようになるでしょう．従来のウォーターフォール型の開発の場合，成果物はプロジェクトが終わらないと計上できなかったのですが，アジャイル開発では，固定の反復期間ごとに成果物の計測が可能です．さらに，インプットとなる開発者の人数も固定であるため，反復ごとの生産性は，反復ごとに実装される成果物の量に比例します．すなわち，アジャイル開発の場合も計算上はウォーターフォール型の開発よりも物的生産性は計測が容易になります．

　しかし，アジャイル開発では，成果物の量として開発コード量やファンクションポイントを使用し，複数のソフトウェアや複数の開発チームの間で生産性を比較するということはナンセンスだと考えられています．米国では，同じ開発組織でも開発するソフトウェアや開発チームによって，開発方法も，ソフトウェア再利用の方法も大きく異なるのが実態です．このようなときに，複数のソフトウェア開発で生産性を比較することは無意味というより，さらに踏み込んで「害がある」という考えになっています．例えば，冗長なコーディングなどの生産性が高く計測されたり，保守性を良くするためのリファクタリングなどが開発コード量ベースの生産性測定であると行われなくなるという問題があるからです．このため，多くのアジャイル開発では見積量および成果量としてストーリーポイントという，当該開発チームだけで有効な相対値を使っています．ここで，アジャイル開発における生産性とは，反復ごとのストーリーポイント(すなわち，ベロシティ)が，(その開発チーム固有の)生産性の尺度となります．

$$アジャイル開発における生産性(ベロシティ)$$
$$= 開発したストーリーポイント ÷ 反復$$

　このベロシティを使うことにより，開発チームの生産性を反復ごとに管理で

きるとともに，一つのプロジェクトのなかでも，反復の単位で開発チームの生産性の低下を検出したり，生産性の向上を図ることが可能になります．

　なお，ストーリーポイントの見積もりは誰でも容易にできる作業ではありません．見積もりと実績を比較しながら，より精度の高いストーリーポイントの見積もりができるようにアジャイル開発のチームで精度の評価と改善を繰り返す必要があります．

Q & A

Q54　アジャイル開発における価値生産性とは？

A54　どれだけ効率的にユーザーにとって価値があるソフトウェアを開発するかという価値生産性が今後重要になります．アジャイル開発では，「ソフトウェアの価値」に焦点を当てた生産性のマネジメントが可能です．

　ここまで述べた，「開発コード量による生産性」「ファンクションポイントによる生産性」「ベロシティ」は，いずれも，物的生産性，すなわちソフトウェア開発側の効率を測るメトリクスです．これらのメトリクスでは，ソフトウェアを使う側から見た問題，例えば「使わないストーリーばかりリリースされる」「いますぐ欲しいユーザーストーリーが，ずっとプロダクトバックログに埋もれている」という問題を見つけることは困難でしょう．

　これまでのソフトウェア生産性（または開発効率性）は，「ある時点で定義されたソフトウェア要求に対してどれだけ効率的に開発するか」を測るメトリクスでした．一方，アジャイル開発では「どれだけ効率的にユーザーにとって価値があるソフトウェアを開発するか」も生産性の重要な意味となっています．このため，今後は「ソフトウェアの価値」に焦点を当てた生産性のマネジメン

トを考えていく必要があります．実は，アジャイル開発を適用することにより，これまでなかなか解決できなかったこれらの課題を解決することができるのです．

　アジャイル開発は，第1章，第2章で述べたとおり，同じメンバーが固定期間の反復で同じプロセスでソフトウェアを開発する手法です．この反復で消化したプロダクトバックログ項目の価値を成果物とみなすことにより，価値を反復の回数で割った生産性は比較的容易に求めることができます．

　ここで，どのようにプロダクトバックログ項目の価値を定量的に計測するかが問題になります．まず，各反復で消化されるプロダクトバックログ項目の価値は（何らかの形で）評価されています．なぜなら，「ある反復でどのプロダクトバックログ項目を実装するかどうか」の判断で，個々の項目の（見積もった）価値を基準に評価しているからです．この評価基準はプロダクトオーナーが決めるものですが，その方法の一つにバリューポイントという考え方があります．バリューポイントとは，プロダクトバックログ項目一つひとつに対して，そのソフトウェアを使う立場での収益の増加，コスト削減，各ステークホルダーの嗜好，市場の差別化などを基準に，ストーリーポイントと同様に相対的に値づけしたものです[2]．

　反復またはある期間の（複数）反復で消化したプロダクトバックログのバリューポイント総計をその期間における開発コストで割れば，アジャイル開発における価値生産性が計測可能になります．

Q & A

Q55 プロジェクトではない定常業務でのアジャイル開発でも生産性測定は可能か？

A55 はい．アジャイル開発の場合，プロジェクト型の開発でも，業務での継続的な反復開発であっても，生産性

を従来よりも詳細に測定可能で，何か問題があった場合でも比較的早期に対策を打つことができるようになります．

　従来のウォーターフォール型のソフトウェア開発はプロジェクト型の開発，すなわちプロジェクトの基点としてユーザー要求にもとづいたソフトウェア要求があり，それを満足するようにソフトウェアを実装し最後にそれの妥当性を確認する（Validate する）というプロセスを経ていました．このプロセスでは，起点と終点があり，プロジェクト全体で生産性を計測する方法が一般的でした．アジャイル開発でも，ウォーターフォール型のソフトウェア開発と同様に起点と終点があり，一つのソフトウェア開発プロジェクトとして実行する場合が大半でしょう．これらのようなアジャイル開発においては，ウォーターフォール型の開発と同様にプロジェクトレベルの生産性を計測できます．

　一方，アジャイル開発のなかでも，その起点や終点が必ずしも明確でないこともあります．例えば，すでに稼働中のソフトウェアで，継続的にサービスを拡充していくような場合です．このようなアジャイル開発は，そもそも（起点と終点があることが前提条件の）「プロジェクト」ではありません．しかし，アジャイル開発の場合，定常業務での開発であっても，一定期間の反復ごとに，成果物がストーリーポイント（または Q54 で説明したバリューポイント）という尺度でその成果物が計測可能です．したがって，このような形式のアジャイル開発であっても生産性は反復という短い単位で継続的に計測できるようになります．

　ここで重要なのは，従来の生産性はプロジェクトを単位に算出していたので，生産性が悪かったときの対策として次のプロジェクトまで持ち越すのが通例だったことです．アジャイル開発の場合，反復や月といった単位で生産性を算出でき，比較的短期間で生産性の課題を見つけることができるとともにその対策や改善も俊敏に行うことができるようになります．

Q & A

Q56 生産性はソフトウェア開発のビジネス効率を測る唯一の尺度か？

A56 ソフトウェア開発の生産性だけが，ビジネス効率を測る尺度ではありません．ユーザー側からの観点で，「どれだけ俊敏に現在の問題を解決するか」という尺度が今後は重要になります．

　これまで述べてきたとおり，アジャイル開発でも従来からのメトリクスである生産性「成果量÷労力（コスト）」は，計測できます．しかし，ソフトウェアのメトリクスは，それを計測する組織の目標に沿っていることが前提です．すなわち，あるソフトウェア開発組織の目標が，顧客や市場の要求に対して俊敏に対応することである場合，その組織が計測すべきメトリクスは，「要求に俊敏に対応すること」に関連するものでなければなりません．この観点で，生産性というメトリクスは最適な尺度ではありません．

　一般に生産性を高めてソフトウェアを効率的に開発すれば，開発期間が短縮され，要求への対応に要する期間も短くなります．しかし，生産性の向上は，必ずしもソフトウェア開発期間の短縮に結び付きません．例えば，日進月歩の人工知能分野のサービス開発プロジェクトを企画する際，少々生産性を落としてでも，短期間に市場にリリースするA案と，生産性を重視して少人数かつ長期間で開発するB案を比べてみましょう（図7.2）．

　開発人員の単価が等しい場合，B案のほうが生産性は良くなりますが，開発期間はA案のほうが短くなります．このとき，B案はA案に比べて1年近く市場への投入が遅れ，この間に競合サービスが市場に投入されるとB案のプロジェクトはビジネス的に失敗する危険性が増加します．この例に見られるように「変化する要求に俊敏に対応すること」という目標をもった組織では，従

生産性

＜

（多くの場合）
ビジネスでは

＞

A案　10人＊4カ月で開発

B案　2人＊15カ月で開発

図7.2　多人数短期間開発 vs 少人数長期間開発

来から使われている生産性の計測だけでは不十分です．実際に，単に生産性で複数プロジェクトの生産性を計測した場合，アジャイル開発のほうがウォーターフォール型の開発より低いという結果もよく見られますし，例に見たように同じアジャイル開発であっても意識的に生産性を落としたほうがビジネス的に有利になることもあります．

　一般に，ソフトウェアを早期に開発することによるビジネス的なメリットは次の2点といわれています[3]．

- 早期の収入機会を得る．
- そのソフトウェアの機能改善機会を早期に得る．

　したがって，「ユーザー側からの観点で，どれだけ俊敏に現在の問題を解決するか」という尺度が，生産性とは他に必要になってきます．これが，次に説明するアジリティです．

Q & A

Q57 ソフトウェア開発組織でのアジリティの計測方法は？

A57 各分野で活用されている「サイクルタイム」「回転率」という尺度をアジャイル開発に適用することによりアジリティの計測は可能です．

　アジャイル開発はその名のとおりソフトウェアを俊敏に開発する方法です．俊敏に開発することと，これまで述べてきた生産性は同じものでしょうか．前項でも説明したとおり，生産性とアジリティは関係あるものの同じものではありません．生産性は(成果物量÷インプット量)で算出されます．ここには，開発期間という因子はなく，単に生産性だけを考えてこれを最大限にしようとした場合，ビジネス的に問題になる長期間の開発になる可能性もあります．では，生産性を補助するアジリティの尺度として開発期間そのものを使えばよいのでしょうか．

　この課題に対しては，ソフトウェア開発固有の方法ではなく，財務指標など，社会の他分野で広く活用されている仕掛かり(inventory)という概念をソフトウェア開発にも適用し解決することができます[4][5]．ここで仕掛かりとは，あるプロセスに滞留している量で，財務会計における資産や，ハードウェア製造における部品在庫などに相当します．この仕掛かりから，仕掛かりが単位期間でどの程度入れ換わるか，すなわち，回転率(turnover)を次のように求めることができます．

$$回転率＝単位期間の出力量÷平均仕掛かり量$$

　回転率の単位は，単位期間当たりの回数で，そのプロセスでの仕掛かりが単位期間中に平均何回入れ換わるかを示しています．ただ，上記の式を見て，直感的にどのようなことを示しているのかが理解できない読者も多いでしょう．具体的に，レストランでの顧客がどの程度頻繁に入れ替わるかという顧客回転率をどのように求めるか，図7.3を使って説明してみます．

　あるファミリーレストランでは，不特定数の顧客が食事に訪れて，レストラン内で食事を行い，会計をして店を出ます．このレストランで「1時間でどの程度顧客が入れ替わるか」を求めるにはどのようにしたらよいでしょうか．それぞれの顧客がいつ来店し，いつ店を出たかを一人ひとり記録すれば，個人ごとの店内の滞留時間がわかります[2]．例えば，それらの平均が40分であれば，

---

2)　「あるプロセスに要する時間」をサイクルタイムといいます．この場合，店内にいる時間がサイクルタイムになります．

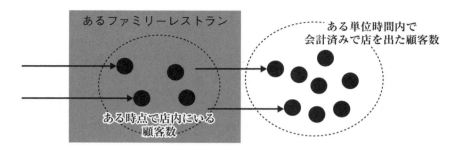

図 7.3　レストランにおける顧客回転率 (例)

1 時間当たりの顧客回転率は 1.5 と求めることができます.

　実は，簡単に顧客回転率を求める「リトルの法則」として知られるもう一つの方法[6]があります. 定期的，例えば一時間ごとに，レストラン内にいる顧客数 A と，その一時間で会計を済ませた顧客数 B を計測するだけで，

　　　　　　　その一時間での回転率＝ B ÷ A

が求めることができるのです. この方法が，優れている点は 2 つあります. 1 つ目は，計測が容易であることです. 2 つ目は，定期的，かつ迅速に回転率が求められることです. 例えば，「今日のレストランの回転率はいつもに比べてどうなっているか」を調べる場合，一人ひとりの来店時刻および退店時刻を記録してサイクルタイムを求める方法の場合，朝からずっと店に居座っている顧客の影響がわかるのは，もしかすると閉店間際かもしれません. これに対してリトルの法則を利用した方法では，お昼の時点で，この顧客の回転率に対する影響を測定可能になります.

　この回転率は，表 7.1 に示すように多くの経営分野で実用化されています.

　回転率を適用する際にも，成果量とともに，仕掛かりを定量的に算出する必要があります. アジャイル開発での仕掛かりは，大きく，プロダクトバックログ内の仕掛かりと，スプリントバックログ内の仕掛かりがあります. アジャイル開発における，仕掛かりを表 7.2 にまとめました.

　プロダクトバックログ内の仕掛かりの計測でソフトウェア開発観点の場合，

表7.1　実用化されている他分野の回転率の(例)

#	分野	メトリクス例	式
1	会社経営	総資本回転率	単位期間の総売上高÷総資本
2	工場経営	在庫回転率	単位期間の出庫金額÷平均在庫金額
3	小売店経営	顧客回転率	単位期間の総入店者数÷平均在店者数

表7.2　アジャイル開発における仕掛かり

#	仕掛かりの種類	観点	仕掛かり算出方法
1	ユーザー視点仕掛かり	利用，運用の観点	プロダクトバックログの各項目におけるバリューポイントの総和
2	プロダクト開発仕掛かり	開発の観点	プロダクトバックログの各項目におけるストーリーポイントの総和
3	反復開発仕掛かり	開発の観点	スプリントバックログの各項目における人時

表7.2のように，ストーリーポイントで定量化してもよいですが，そのアジャイル開発のベロシティが安定している状態では，ストーリーポイントを人日に変換して，複数プロジェクトの結果を加算可能にしてもよいと思います．

　スプリントバックログ内の仕掛かりは，理想的には反復の初期時点でスプリント計画後のスプリントバックログの総量(通常，人日等の労力)で，反復終了時のスプリントレビューでなくなる，すなわち，ゼロ人日となります．仕掛かりの平均値と，反復ごとの成果量が同じということになります．これは，サイクルタイムが反復期間に等しく，反復期間における回転率は1となるということです．常にサイクルタイムが反復期間に等しくなるのであれば計測する意味はあまりありません．しかし，現実には，反復の終了時にスプリントバックログを取り残したり，設計負債などが残る場合があり，これがスプリントバック

ログの仕掛かりとなります．すなわち，そのような部分も考慮するとサイクル
タイムは反復期間よりも大きくなります．例えば，この値が，1.2 というよう
な値になった場合，アジャイル開発の方法に何らかの問題があるということが
わかります．

■第 7 章の参考文献

［1］　Martin Fowler's Bliki(ja)：「生産性は計測不能」(https://bliki-ja.github.io/Ca
nnotMeasureProductivity/)

［2］　Pete Deemer, et al.(2012)："Scrum Primer V2.0"(https://scrumprimer.org/
scrumprimer20-small.pdf)

［3］　M. Denne and J. Cleland-Huang(2004)："The Incremental Funding Method：
A Data Driven Approach to Software Development", IEEE Software Vol. 21, No.
3, pp.39-47.

［4］　メアリー・ポッペンディーク，トム・ポッペンディーク著，平鍋健児監訳，
高嶋優子，天野勝訳(2008)：『リーン開発の本質』，日経 BP 社.

［5］　D. J. Anderson 著，宗雅彦，前田卓雄訳(2006)：『アジャイルソフトウェアマ
ネジメント』，日刊工業新聞社.

［6］　Little, J. D. C.(1961)："A Proof of the Queueing Formula: $L = \lambda W$", Operations
Research, Vol. 9, No. 3, pp.383-387.

## 第 8 章

組織でのアジャイル開発導入の手順

本書の総まとめとして，ある組織がアジャイル開発を導入しようとするときに，どのように考えてどのような施策をどのような順番で実行したらよいのかを説明します．

Q & A

Q58 アジャイル開発の導入をどのように進めていくべきか？

A58 「組織の強み」を「アジャイル開発の強み」で強化するという考え方で，アジャイル開発を順次導入していくのがよいでしょう．

アジャイル開発をいざ適用しようという組織は，まず何から手を付けたらよいのでしょうか．本項では，アジャイル開発の組織導入の基本的な考え方を示した後，これまでの Q&A を引用しながらアジャイル開発導入の方法を，スタートアップ，人材育成，初期適用プロジェクト選定，適用プロジェクトの拡大，アジャイルを支援する組織づくりに分けて説明します．

(1) アジャイル開発の組織導入の基本的な考え方

組織の歴史や規模にも依存しますが，従来からソフトウェア開発を継続的に

行っているような組織の場合，「ソフトウェアの開発方法」というレベルの「組織の強み」もあるでしょうし，「品質第一」といった開発方法とは直接関係ないレベルの「組織の強み」もあるでしょう．このような組織でアジャイル開発を導入する場合，「組織が将来にわたって保持し続けたい競争優位要因になるようなコアコンピタンス[1]をアジャイル開発で強化する」という方針で推進するのが良いでしょう[1)]．

単に，現状のソフトウェア開発方法を保持したまま，アジャイル開発のプラクティスをつまみ食いしたり，米国風のアジャイル開発をその背景も知らずにゲリラ的に適用したり……といった方針でアジャイル開発を導入しようとすると，部分的にはうまくいっているように見えたとしても長続きしません．「組織のもっている強みとアジャイル開発の強みをどのように融合させるのか」ということが，ある程度大きな組織へのアジャイル開発導入を成功に導くもっとも基本的な考え方と断言できます．

(2)　スタートアップチームの編成

まず，組織にアジャイル開発を導入・推進する少人数のチームを編成し，そのなかでアジャイル開発の本質的な理解を深めることが重要です．このチームには，「ソフトウェアを利用する立場での知見の高い人」「自組織のソフトウェアの強みや，従来のソフトウェア開発方法の強みを良く知っている人」「アジャイル開発に関してその本質レベルでよく知っている人」が含まれているとよいでしょう．もちろん，ある個人が複数の役割を兼ねることも可能です．

このチームのメンバーが組織におけるソフトウェア（開発）の強みや，従来の開発方法をよく知っていることが重要です．そのうえで，**第1章**や**第2章**のQ 1〜Q15で「アジャイル開発の本質」「アジャイル開発におけるプロジェクトマネジメント」に関して理解を深めます．また，**第3章**のQ16からQ20で「アジャイル開発でも高品質ソフトウェアが開発できること」も納得します．

---

1)　米国でのアジャイル開発の背景は，付録「アジャイル開発の源流と背景」を参照してください．

この時点で,「その組織の文化とアジャイル開発には共通する価値観がない」ということが明確になれば「アジャイル開発を導入する価値はない」という結論もあり得るでしょう.

(3) 組織内の意思決定者からの支援を得る

スタートアップチームのなかに,組織内のソフトウェア開発方法に関して意思が決定できる人がいればベストです.しかし,多くの場合,このチームの外側に意思決定者がいるでしょう.その意思決定者は従来の開発方法に対する深い知見をもっているはずです.その価値観に照らして「アジャイル開発が現状の組織の課題を従来の開発方法より良く解決できる」ことを説得することが重要です.この部分に固定的な処方箋はありません.その組織の位置づけ,もしくは特定の意思決定者に沿った資料や説明方法を個別に考えるべきでしょう.例えば,自社が提供している製品やサービスのためのソフトウェア開発している会社と,社外からソフトウェア開発を請け負っているような会社では説明内容は全く異なります.このため,第1章,第2章の基本事項に加え,第4章の「組織との連携方法」のQ30〜Q35をよく理解し,例えば,「多重請負のソフトウェア開発ベンダーで,どのようにアジャイル開発を活用するのか」といった問題に対してもポジティブな解決策を提案できるようにします.

(4) アジャイル開発を推進する人材の選定と育成

アジャイル開発を組織に導入するときのキーパーソンになるのが,スクラムマスターとプロダクトオーナーです.これらの役割は,「ソフトウェアをアジャイル開発でするときのタスク」とともに,「組織にアジャイル開発を根づかせるためのタスク」も含まれます.後者の「組織での役割」を以下説明しますが,第4章のQ33〜Q35,第5章のQ36〜Q41もぜひ参考にしてください.

スクラムマスターは,開発チームへのサポートとともに,組織の仕組みのなかでアジャイル開発をインプリメントする役割も重要です.このためには,スクラムマスターは単にアジャイル開発の価値や各種プラクティスについてよく

知っているだけでなく，それを適用する組織の文化や従来施策の意味をよく知っていることが必要不可欠です．外部の講習等でアジャイル開発一般のスキルを高めるとともに，対象となるソフトウェア開発組織のソフトウェア開発の仕組みをしっかり理解する必要があります．従来の，ソフトウェア開発プロセスやマイルストーン，施策について，その目的や意味まで含めて理解したうえで，「その組織でどのようにアジャイル開発をインプリメントするのか」を企画できる人材を選抜，または育成するとよいでしょう．

　プロダクトオーナーも同様に，「開発チームへのプログラムバックログの優先度づけを示す」という役割とともに，その前提となる組織内や，組織外のステークホルダーとの連携が重要な役割になります．開発するソフトウェアのステークホルダーの種類やその関係は，ソフトウェアやその開発方法の種類で大きく変わってきます．単に，アジャイル開発やスクラム共通のスキルではなく，開発するソフトウェアの主要なステークホルダーおよび，それらの関心について深く理解することが重要です．

(5)　アジャイル開発の初期適用プロジェクトの選定

　アジャイル開発を導入するとき，最初に適用するプロジェクトはどのようなものが良いのでしょうか．アジャイル開発に向いていないような大規模で複雑なプロジェクトで，いきなり試行しようとする組織はおそらくないでしょう．むしろ，問題なのは，「重要度の低い社内向けの小規模でリスクも小さい情報システム開発でアジャイル開発を試行する」というケースです．「アジャイル開発のプラクティスの有効性を確認する」「開発者のスキルをアップさせる」という目的でこのようなプロジェクトで適用することに意味がないわけではありません．しかし，そのプロジェクトで成功したとしても，その後につながらない事例が多数あります．そのせいで，いつまでたっても「アジャイル開発はトイ・プロジェクト用の方法論」になってしまうのです．このため，組織でのアジャイル開発を長期的に発展させるという目標に対してはもう一工夫が必要です．

このため，ステークホルダーの種類やリスクなどが，その組織が開発するソフトウェアと類似しているような比較的小規模なプロジェクトを選んで適用するのがよいでしょう．本書で繰り返し述べているような品質の高いソフトウェアを組織的に開発するという方法を実践し，その後の本丸ともいえる大規模プロジェクトにつながるようなプロジェクトを初期適用プロジェクトに選定することが重要です．

(6) アジャイル開発の適用プロジェクトの拡大

初期適用プロジェクトの成果を，組織のノウハウとして他のソフトウェア開発プロジェクトに広げていくことが重要です．このためには，標準的なアジャイル開発のガイドを作成し，反復の期間，イベントの実施タイミング等，組織のイベントと関連のある部分について標準化するのもよいでしょう．ここで重要なのは，純粋なアジャイル開発だけでなく，「どのようにその組織の特徴に合わせた開発方法を構築するか」です．例えば，多くのプロジェクトでは，第5章のQ36〜Q41で示したような応用動作が必要です．これらを各プロジェクト（各スクラムチーム）で一から検討するのではなく，組織としてガイドを作り，それを各チームでカスタマイズする方法をとるのがよいでしょう．

(7) アジャイル開発を支援する組織づくり

アジャイル開発適用プロジェクトの拡大と並行して，それらを支援する組織も重要になります．例えば，アジャイル開発を円滑に実行するためには，テストや構成管理等の自動化が必要不可欠です．しかし，これらの開発環境を少人数の開発チームだけで個々に構築するのは現実的ではありません．実際には，ある分野に専門化した部門[2]を設け，あるチームのベストプラクティスを組織内に広めるようなタスクを負うようにするのがよいでしょう．

第3章，第6章，第7章のQ&Aで答えてきたように，組織としての強みを

---

[2] 米国やインドでは，COE(Center of Excellence)というすばらしい名前のことが多い部署です．

強化するためには，品質や生産性を無視することはできません．また，アジャイル開発には，品質や生産性の面でも従来の開発方法を革新する可能性も秘めています．

　国内でのソフトウェア開発組織には，良い面・悪い面を含めて他国にはない特徴があります．これらの現実もよく考慮して，高品質のソフトウェアやサービスを俊敏に提供できるようなソフトウェア開発プロセスが組織内，もしくは，組織外も含めて活用できるようになることを筆者は強く期待しています．

■第 8 章の参考文献

［ 1 ］　Hamel, G. & Prahalad, C. K. (1990)："The Core Competence of the Corporation", Harvard Business Review, May–June.

アジャイル開発の源流と背景

アジャイル開発は良くも悪くも米国の旧来の開発方法に対する処方箋です。この事実をよく知ることによって，日本でアジャイル開発をよりよく理解できるようになるとともに，日本ならでの新たなブレークスルーを生み出すことができます。

1. 米国でのソフトウェア開発の体制やプロセスを知るべき理由

アジャイル開発の多くのプラクティスは 1990 年代後半に米国で誕生しました。よく知られているとおり，2001 年の「アジャイルソフトウェア開発宣言」後，米国では急速に普及しました。一方，日本国内でも，早くから先進的なソフトウェア開発の現場で適用されてきましたが，2020 年に至る現在までソフトウェア開発の主流にはなっていません。

日本でアジャイル開発導入が遅れている理由は多くあります。そのなかで，これまであまり述べられていない理由の一つを本章で扱います。他章では，「アジャイル開発の本質はどのようなところにあるのか」「組織的にどのように適用するべきなのか」ということに対する疑問に答えてきました。このようなアジャイル開発そのものの理解という面でも，これまで国内では問題がありました。しかし，「なぜ，理解が進まないのか」というところまで掘り下げると，アジャイル開発が登場した背景である「米国でのアジャイル開発以前のソフトウェア開発方法が日本でほとんど知られていないということ」が大きな要因の一つだと筆者は考えています。

　例えば，米国でのアジャイル開発の基本的な文献が，日本のソフトウェア開発者にとっては非常に難解です．「アジャイルソフトウェア開発宣言」「スクラムガイド」「エクストリームプログラミング」といった文書や書籍は，英語の文章としては平易に書かれています．しかし，その記述の多くは米国国内でのそれまでの開発方法および開発体制をよく知っていることが前提に書かれています．例えば，「アジャイルソフトウェア開発宣言」の最も基本的な価値（values）の最初の文は「プロセスやツールよりも個人と対話（Individuals and interactions over processes and tools）」です．もっとも基本となるアジャイルの価値が，「個人」と「対話」ということはわかるにしても，「プロセスやツール」とどういう関係があって，そもそも従来何が問題だったのかは理解に苦しむ人が多いのではないでしょうか．日本でのソフトウェア開発方法や開発体制が米国と同じであれば問題はないのですが，実態として大きく異なっています．同じ「ウォーターフォール型のソフトウェア開発」であっても，日米のソフトウェア開発方法は，その開発体制および開発プロセスともに大きく異なっているのが現実です．このため，今に至るまで，日本の読者の多くは，これらの基本文献の理解に困難さを感じて，アジャイル開発に関する正確な理解に苦しんでいるのです．

　アジャイル開発の登場した理由を知ることのメリットは，この開発方法をよりよく理解するだけではありません．読者が自分のソフトウェア組織でアジャイル開発を適用するときには，必然的に組織やプロジェクトに合った体制やプロセスのカスタマイズが必要になります．そのようなときに，「アジャイル開発の原則がどのような背景で誕生したものか」を知ることにより，最適なアジャイル開発の適用方法が得られます．良くも悪くも米国の開発方法に最適化されたソフトウェア開発方法であるアジャイル開発の各プラクティスの出自がわかれば，場合によっては，日本のソフトウェア開発組織の身の丈に合ったカスタマイズが可能になるのです．

　筆者らは，日立製作所のパッケージソフトウェアの開発を通じて，国内だけではなく，欧米やアジア諸国のソフトウェア開発にも発注および共同開発など

に対する長期的な経験があります．これらの経験を踏まえて，本書では「アジャイル開発が，どのようにそれまでの米国での開発方法を改革したのか」というようなことも説明し，アジャイル開発をより深く理解することを目標とします．

1990年代の米国のソフトウェア開発事情

　筆者(居駒)は，1990年後半から10年以上，ソフトウェアの導入や共同開発などで，毎年米国のソフトウェアベンダーと交流を続けていました．当時の情報交流の相手は米国のソフトウェアベンダーのなかでも，比較的大規模でソフトウェア開発の長い歴史をもった組織が大部分でした．

　そのような交流のなかで，米国とのソフトウェア開発方法の違い，例えば，ソフトウェア開発に関する職種の多さ，職種による責任分担の明確化などは，日本のソフトウェア開発のめざすべき方向だと(実をいえば)勘違いしていたのです．

　一方，米国での1990年代は，まだ「バブル前」の日本の勢いが一目を置かれていた時代でもありました．日本風な「方針管理」は"Hoshin management"とよばれて某社のソフトウェア開発部門ではマネージャーからエンジニアまでよく知っていましたし，先進的と称する「日本風のオフィスレイアウト」を紹介してもらったことすらあります．後者などは，ブースで仕切られた個人の環境のほうが先進的だと思い込んでいた筆者から見ると退化そのものでした．

　日本でも同様ですが，米国でも組織の規模や企業文化によりソフトウェア開発方法は大きく異なります．また，本章の「アジャイル開発以前」の記述は，その当時の筆者の個人的な経験にもとづくものであることをお断りしておきます．ただ，筆者の経験で知った当時の米国の開発方法はまさしく，アジャイル開発が反面教師としているソフトウェア開発だったと信じています．

2．マネジメント方式から見たアジャイル開発の特徴

図 a.1 の横軸「プロダクトとプロジェクトの分離」とは，何を作るか（What-to-make）をマネジメントする人と，どのように作るか（How-to-make）をマネジメントする人それぞれがもつ責任を明確に分離しているか否かを表しています．「何を作るか」をマネジメントするのがプロダクトマネージャーであり，「どのように作るか」をマネジメントするのがプロジェクトマネージャーです．これらを明確に分けている企業が米国では多数です．一方，日本ではこの両方のマネジメントが分化していない組織も少なくないでしょう．例えば，ソフトウェア開発のプロジェクトマネージャーがソフトウェア要求（いわゆる要件）を制御するといったようにです．アジャイル開発では，そもそもプロジェクトという単位を必要としない開発方法であり，第2章で述べたとおり，プロジェクトマネジメントを抜本的に簡易化した開発方法でもあります．実際には，日本の現状とも全く違う方法ではありますが，「どちらがアジャイル開発に近いか」といわれれば，米国の従来開発体制よりも日本のソフトウェア開発体制のほうが近いのです．

図 a.1 の縦軸，マネージャーによる統制は，一般には（ソフトウェア開発に

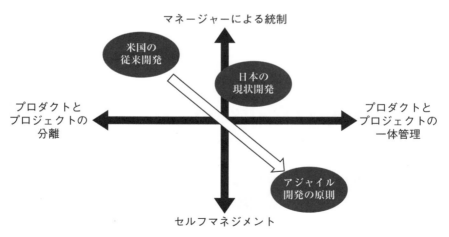

図 a.1　日米のソフトウェア開発とアジャイル開発の特徴

限らず）米国のほうが日本よりも強い会社が多数です．ソフトウェア開発のプロジェクトマネジメントにおいても，（個人差はあるが）プロジェクトマネージャーの権限が強く，仕事のやり方やタスクの評価も個人のリーダーシップやマネジメントスキルに依存していました．もちろん，開発の成否の責任もマネージャー個人が負います．日本のように，プロジェクト全体で工程を共有し，問題点を議論してプロジェクトを良い方向にもっていこうというような活動は，アジャイル以前の米国のソフトウェア開発ではあまり見られなかったのです．この軸での評価も，どちらかというと，日本のこれまでのプロジェクトマネジメント方式のほうが，アジャイル開発に近いといえるのです．

　以下，（米国での）従来のソフトウェア開発の大きな課題と，ソフトウェア開発に関連するステークホルダーや，開発プロセスに関して，アジャイル開発が従来の開発方法とどのように異なるのか説明します．

3．アジャイル開発以前の米国開発方法の問題

　アジャイル開発が登場するまでの米国でのソフトウェア開発の問題点を簡単にまとめます．「アジャイル開発が解決する課題」といわれると，多くの方は「ウォーターフォール型の開発の課題」と思われるかもしれません．しかし，アジャイル開発で解決しようとした課題は，工程を積み重ね，後戻りしないというウォーターフォール型の問題だけではありません．アジャイル開発で解決させたいと（暗黙的に）期待されていた，それ以前の課題として以下を説明します．

- 職種の分化および属人性．これらによるモチベーションの低下
- プロダクトマネジメントとプロジェクトマネジメントの分化
- ステークホルダーの多様化への対応

4．職種の過度な分化

　米国でも，大規模ソフトウェアを開発し始めた当初は，開発者とライブラリアンとよばれた構成管理担当者くらいでしたが，その後，テスターをはじめ，

アーキテクトやオートメーター(開発環境やテスト自動化担当)，ドキュメント
担当(マイクロソフト社のプログラムマネージャー等)，品質保証担当と多くの
業務が定義されています．それらの役割で一つのプロジェクトに参加するとい
うだけでなく，その職種で採用され，その分野の専門家としてキャリアを重ね
るということが多くなっていました．このような方法は，専門分野でのスキル
を磨くという観点では有効です．しかし，プロジェクトの立場では，プロジェ
クト人員の最適化が難しく必要以上の人員を確保しなければならないほか，職
種間の軋轢をプロジェクトマネージャーがマネジメントしなければならないと
いう問題がありました．技術者側の立場でも，「職種によっては，高いキャリ
アが閉ざされている」「適応可能な組織やプロジェクトが少ない」というよう
な問題がありました．

　このような問題への対策として，開発チームと職能に沿ったチームをクロス
ファンクショナルチーム[1)]として交差させる組織[1]も提案されましたが，職種
側のチームが強くなると，プロジェクト側のチームで，職種による軋轢が強ま
るというような問題が出てきました．また，職種が分化することにより，プロ
ジェクトの全体像を把握している人が限られ，他の技術者は，「自分のかかか
わっているソフトウェアがどのような目的で，どのようなユーザーに対して，
どのような価値があるものか」ということに対して見えなくなってしまい，結
果として，開発に対する士気が低くなってしまうという問題もありました．

5．プロダクトマネジメントの問題

　2．冒頭で述べたとおり，米国のソフトウェア開発組織では，「何を作るか
(What-to-make)をマネジメントする部署，担当者」と，「どのように作るか
(How-to-make)をマネジメントするプロジェクト，担当者」が明確に分かれ
ている場合が少なくありません．このとき，「何を作るか」に注力する職種を

　1）　なお，アジャイル開発での「クロスファンクショナル」とは，ある個人が反復ごと
　　に，いろいろな役割を担当することを差し，組織論でいう「クロスファンクショナル」
　　とは意味が異なるので注意が必要です．

プロダクトマネジメントとよび，多くの組織では製品企画部門に属しています．あるソフトウェアに対応したこの職務をマネジメントするのがプロダクトマネージャーです．市場のニーズを汲み取り，競合他社の状況をウォッチし，「担当ソフトウェアのライフサイクルでどのような機能を，どのタイミングで市場（または顧客）に投入し，どのように回収して，利益を得るか」ということを企画するのが主なタスクになります．

　従来のプロダクトマネジメントの大きな問題は，ソフトウェア開発から隔離された製品企画部門の職種になっていることでした．プロダクトマネージャーによっては，ソフトウェア開発について全く知らないという場合もあります．また，ソフトウェア開発にかかわるのは，初期段階だけで，ソフトウェア要求（要件）が定義されれば，開発プロジェクトとは距離を置き，リリース日のみを気にするような場合も少なくありません．

　また，技術革新の速いソフトウェア業界では，開発技術の観点からビジネス的に大きな収益を得られるような要求が得られる場合も少なくありません．ユーザー要求から，ソフトウェア要求（要件）やソフトウェア設計，実装という流れも一方向ではなく，現在では，ソフトウェア設計から新たなビジネス要求が生み出される場合も少なくないのです．このような要求を引き出すためには，プロダクトマネジメントが，開発よりに位置するだけでなく，ソフトウェアの開発中にも，開発プロジェクトと密接に連携し続けることが重要なのです．

アメリカナイズされたプロジェクト工程会議の経験

　米国のソフトウェアベンダーではありませんが，インド資本のソフトウェアベンダーのプロジェクト工程会議を傍聴したときの話です．米国のソフトウェアベンダーで経験を積んだインド人のプロジェクトマネージャーが率いる 15 名くらいのソフトウェア開発プロジェクトで，工程会議には開発プロジェクトの全員が出席していました．まず驚いたことに，

配布資料がありません．報告資料も，ガントチャートや PERT やスケジュールも何も配布されません．プロジェクタの映写もありません．「さて，何が始まるのか」と思ったら，プロジェクトマネージャーが，自分だけが持っている資料を手に，プロジェクトメンバー一人ひとりにその 1 週間の作業をヒアリングし始めました．各人ごとに，予定と実績，問題点を列挙して必要であれば，他の人間に作業指示をする……．この繰返しです．なかには，同じようなテスト作業を何週間も繰り返させているテスターがいました．本人は不満そうでしたが，プロジェクトマネージャーは，「今後 1 週間のあなたの仕事はこれ」と冷たく命令します．会議後，そのプロジェクトマネージャーに聞いたら，実は発注側の要求が定まらないために，毎回同じ部分をテストさせているらしいのです．そして，「そんな話は，作業者としてのテスターには関係がない」「プロジェクトマネージャー以外の開発者は，工程やらプロジェクト全体の進捗度などは知らなくてよい」「その前の週のプロジェクトマネージャーの指示どおりに作業が進んだかどうかだけが問題だ」というわけです．このような会議がアメリカナイズされた工程会議のすべて，と断言するつもりはありませんが，日本側が「工程会議を見せてくれ」と頼んだのに対して，わざわざ傍聴させてくれた会議なのですから，そういう会議が理想の工程会議の一つのスタイルだと，当時のインドのソフトウェアベンダーは思っていた可能性は高いと思います．

　日本の場合，プロジェクト全体の工程や進捗といったレベルでは，プロジェクト構成員全員で共有しようとしているはずです．確かに，責任が不明確になるという問題はあるかもしれませんが，プロジェクトのメンバー全体の英知でプロジェクトが救われたというようなことは，日本のソフトウェアプロジェクトを経験している人であればどなたも経験されているはずです．

　アジャイル開発でのスクラムのイベントのアプローチは，米国風の工程会議や，日本風な工程会議の両方とも異なりますが，どちらが近いかとい

われれば，日本のほうが近いでしょう．

6．スクラムチーム内外のステークホルダーの関係
(1)　ステークホルダー間の関係を知ることが重要な理由

　アジャイル開発における開発チームのロール(プロダクトオーナー，スクラムマスター，開発者)の関係および，開発チーム以外のステークホルダーとの関係を理解するためには，アジャイル開発より前からある(米国では一般的な)プロダクトマネージャーとプロジェクトマネージャーという職種とそれらの関係を知っておくとよいでしょう．日本でソフトウェア開発というと，プロジェクトマネージャーがすべて取り仕切っている印象がありますが，世界を見渡した場合，プロジェクトマネージャーの責任権限は日本のそれよりも狭く，多くの権限は，プロダクトマネージャーが負っています．「この両者がどのように責任を分担してソフトウェアを開発していたか」を知っておくことにより，「従来の課題解決のために考案されたアジャイル開発でのプロダクトオーナーとスクラムマスター(や開発チーム)の関係および，これまでの職種をどのように変えたのか」が理解できるというわけです．

(2)　プロダクトマネージャーとプロジェクトマネージャーの違い

　従来のソフトウェアのライフサイクルレベルでの開発におけるプロダクトマネージャーと，プロジェクトマネージャーの業務機能や権限を簡単に紹介します．ただ，職種の名前というのは，日米に限らず，企業によって大きく異なるものなので，筆者の経験にもとづく業務機能の説明にすぎないことは断っておきます．

　アジャイル開発より以前のソフトウェア開発における，ソフトウェアおよびその開発のマネジメント体制を図a.2に示します．

　プロダクトマネージャーとは，ソフトウェアのライフサイクルでソフトウェアの要求，機能，販売，バージョン計画などをマネジメントする職種です．プロダクトマネージャーの責任範囲は，個々のソフトウェア開発プロジェクトの

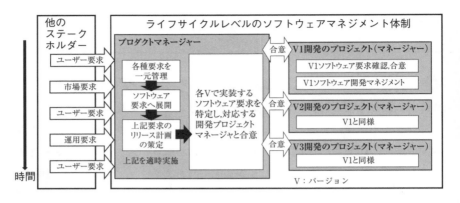

図 a.2　従来のソフトウェアマネジメント体制

QCD ではなく，ソフトウェアのライフサイクルにおけるソフトウェア製品全体の有効性のマネジメントです．その製品に対して絶え間なくインプットされるさまざまな要求を管理し，どの要求が重要か判断し，どのバージョンでどの要求を満たすかを決定します．場合によっては，1 つのソフトウェア製品に対して，2 つの開発プロジェクトを起こして 2 人のプロジェクトマネージャーに並行してマネジメントさせるということもあり得ます．米国のソフトウェアパッケージ企業の場合，ある地域（例えばアジア市場）ごとにプロダクトマネージャーを置き，地域固有の製品戦略を担当させる場合もあります．なお，米国ソフトウェア企業内で「PM（ピーエム）」という用語を使った場合には，プロジェクトマネージャーではなく，プロダクトマネージャーの場合も少なくありません．

　一方，ソフトウェア開発におけるプロジェクトマネージャーとは，ソフトウェアに関する何らかのプロジェクトを遂行する責任者です．多くの場合，プログラムや情報システムを開発するプロジェクトの責任を負います．受注ソフトウェアの場合は，受注単位にプロジェクトマネージャーがいて，その下にも必要に応じてサブプロジェクトのプロジェクトマネージャーがいることが多いでしょう．特定顧客のいないソフトウェアパッケージの開発の場合でも，多く

の場合，そのリリース単位にソフトウェアの開発プロジェクトがあり，そのプロジェクトウェアの遂行責任者としてプロジェクトマネージャーを置きます．プロジェクトマネージャーの本来の役割は，与えられた要求を与えられた期限とコストで満足すること，言い換えればプロジェクトの QCD(品質，コスト，納期)をマネジメントすることです．

(3) 従来のマネジメント体制およびマネジメント方法の問題点

アジャイル開発では，「プロダクトマネージャー」「プロジェクトマネージャー」という用語は使っていません．これには，従来のソフトウェアのライフサイクルにおけるマネジメント方法には重大な問題があるからです．

ソフトウェアに対するさまざまな要求(市場からの要求，エンドユーザーからの要求，運用部署からの要求など)は，ソフトウェアのバージョンという単位で発生するものではなく，ステークホルダーが「困った」というときに随時発生してしかるべきものです．従来のプロダクトマネージャーおよびプロジェクトマネージャーという体制で開発した場合，多くの要求が解決するまでに多くの期間を要することになります．ここで，注意が必要なのは，実際の各バージョンの開発がウォーターフォール型であろうとアジャイル開発であろうと，この問題は(ほぼ)同じくらいの問題を抱えているということです．

従来のプロダクトマネージャーは，パッケージソフトウェアの場合は製品企画部門の担当となることが少なくありません．このような場合，市場の情報には詳しいものの，ソフトウェア開発には詳しくない場合もよくあります．例えば，ウォーターフォール型のソフトウェア開発では，，ハードウェアのプロダクトマネージャーと同じように「開発するものがどのように開発(製造)されるのか」ということを意識する必要はありませんでした．すなわち，ソフトウェア開発は，ブラックボックスとなっており，関与するとしても最初と最後のみであり，最悪の場合には，最初だけ関与して，後は，品質保証やサポート部門が最終確認するようなこともありました．また，業務プログラムの場合は，そのソフトウェアが使われる業務主管部署の人間が担当する場合が多くなります．

この場合は，最後の確認は行われますが，ソフトウェア開発というプロセスがブラックボックスであること自体は変わりませんでした．どちらの場合も，実際にでき上がったソフトウェアを使ってみると，「想定していた動きと違う」「使う機会が全然ない」といった問題もよく発生していました．

　従来の(米国における)プロジェクトマネージャーは，バージョンごとに割り当てられます．すなわち，モノとしてのソフトウェアに括りついておらず，バージョンごとに違うプロジェクトマネージャーが担当することも少なくありません．ソフトウェアの設計思想やアーキテクチャーなど，本来，ソフトウェアのライフサイクルレベルでマネジメントが必要な事項が保たれなくなったり，それが原因で無用な問題を起こす可能性もありました．また，プロダクトマネージャーの権限が強いソフトウェアの場合，プロジェクトマネージャーは，ユーザーや市場の情報から隔離されている場合もあり，プロダクトマネージャーが定義したシステム要求や，ソフトウェア要求を満足するソフトウェア実装をしても，結果としてエンドユーザーなどに受け入れられないということもありました．一方，日本の場合，プロダクトマネージャー的な職種を設けている場合はあまり多くないでしょう．このため，米国に比べると多くのソフトウェア開発では，継続的に同じプロジェクトマネージャーが担当したり，プロジェクトマネージャーが米国でのプロダクトマネージャー的な業務を代行する場合も少なくありません．このため，過去に米国ほど大きな問題は発生していないのかもしれません．ただ，「アジャイル開発での体制がどうして今のようにされたのか」という点については，米国での過去の課題をよく理解しておく必要があるでしょう．

⑷　アジャイル開発におけるセルフマネジメント体制

　次にアジャイル開発が想定しているソフトウェアのライフサイクルとその開発体制を図a.3に示します．

　アジャイル開発では，ここまで述べた従来のソフトウェアのライフサイクルにおけるマネジメントの(米国での)問題を解決することをめざした体制を想定

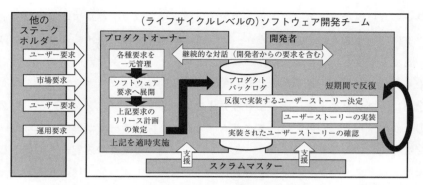

図a.3　アジャイル開発が想定するソフトウェアマネジメント体制

しています．

　最も大きな変更は，ソフトウェア開発を(有期の)「プロジェクト」という単位に限定していない点です．したがって，プロジェクトマネージャーという役割はなくてもよい(もちろん，あってもよい)ことになります．開発チームやスクラムマスターの活動単位は有期である必要はなく，ソフトウェアのライフサイクルを通じてソフトウェア開発を継続することが期待されています．なお，マスターという語感から，スクラムマスターにプロジェクトマネージャーと同様の役割を期待しがちですが，スクラムマスターは，ソフトウェア開発をマネジメントする役割ではなく，リードする役割でもありません．その役割は，スクラムという方法について一番詳しいことを生かして，その方法論を，組織やプロダクトオーナー，開発チームに根づかせるサポートをすることです．従来のプロジェクトマネージャーのマネジメントタスクの多くは，開発チームに引き継がれます．アジャイル開発の開発チームは(誰かに命令されて動くのではなく)自分たちで自律的にマネジメント(セルフマネジメント)します．

　従来のプロダクトマネージャーの役割の多くは，プロダクトオーナーに引き継がれていますが，以下の点で，大きく異なっています．まず，プロダクトオーナーは識別したライフサイクルレベルのソフトウェア要求をプロダクトバックログにユーザーストーリーとして随時登録します．従来の方法では，開

発チームに提示されるソフトウェア要求は該当するソフトウェア開発プロジェクトに関連するもののみでしたが，アジャイル開発では，ライフサイクル全体に対するソフトウェア要求が，プロダクトオーナーやスクラムマスターだけでなく，スクラムチーム全体で共有します．具体的には，プロダクトバックログ全体は，プロダクトオーナーが管理責任を負いますが，プロダクトバックログのなかの全項目については，スクラムマスターや開発チームが参照できるだけでなく更新することもできます．ただし，項目間の優先度の設定や，全体としてのプロダクトバックログの管理責任は，プロダクトオーナーにあります．

　プロダクトオーナーは，開発の最初にソフトウェア要求を開発チームにインプットするだけでなく，その結果も動作レベルで評価して，その結果が良いか否かを判断します．また，こうした判断の結果として，新たなプロダクトバックログ項目を追加したり変更することもあります．これまでの，要求→設計→実装という一方向のパスだけでなく，設計や実装を評価して得られる新たな要求ということも考慮しているのです[2]．また，これらの作業を継続的に実行するため，常に開発部隊と接触をもちながら短い反復単位にソフトウェアを改善していくことにコミットしなければなりません．このため，従来のプロダクトマネージャーに比べて，製品企画の立場から，ソフトウェア開発や，サポートの立場に近い位置づけになっています．

　スクラムマスターや開発チームは，自分たちが開発したソフトウェアに対して，開発した反復で迅速に評価されれば，仕事へのモチベーションもアップします．また，スクラムマスターや開発チームは，プロダクトバックログにアクセスできるため，自分たちが開発しているユーザーストーリーのソフトウェアのライフサイクル的な位置づけが理解できるようになります．さらに，実際に動作するソフトウェアを評価することにより，開発者の立場から新たなプロダクトバックログ項目の提案もできるようになります．開発するソフトウェアに対して受け身の立場ではなく，プロダクトオーナーと連携して，一緒により良いソフトウェアを開発していくというのが，従来の開発方法と比べて大きな違いになります．

　このように考えてみると，アジャイル開発というのは，単に決められた要求に対応するソフトウェアを開発する道具ではなく，「より良いソフトウェアを気持ちよく開発するためのビジネスの道具である」といえることがよくわかるでしょう．

　アジャイル開発を単にソフトウェア開発の道具として見た場合，従来型のソフトウェアライフサイクルのなかで，開発プロジェクトを数年に一回起こして，溜まっているソフトウェア要求をアジャイル開発（のプラクティス）で消化するということもできます．しかし，このような開発方法は，本来，アジャイル開発が想定していたソフトウェアのライフサイクルではありません．また，ステークホルダーを起点にした要求のライフサイクルという観点からも「アジャイル」とよぶことはできないでしょう．

米国企業のインドベンダー活用方法

　米国では多くのソフトウェア開発をインドのソフトウェアベンダー[2]に依存しているといわれています．筆者は，米国のユーザー企業や IT ベンダーがどのようにインドベンダーへの発注とアジャイル開発を両立しているのか，その実態を，米国およびインドのベンダーにヒアリングした経験があります．このヒアリングの範囲では，大きく2つの傾向が見られました．

　一つは，ソフトウェア開発の作業外注化です．開発オフィスはインドにあるものの，米国との間にギガビットクラスの広帯域幅の通信路を用意し，米国の関連職場と毎日連携しながらソフトウェアを開発します．ヒアリングしたインドベンダーでは，「ベンダー内のマシンには，発注元の資産は

2）　ビッグ4とよばれる巨大ソフトウェアベンダーは，それぞれが10万人以上のソフトウェア技術者を保持する巨大企業です．

何もない」といっていました．すなわち，インドにいる開発者は，発注元のサーバー(またはクラウド)に入って作業を行い，デイリーミーティングでの指示に従って開発を進めるスタイルです．

　もう一つの傾向は，インドでの現地開発化です．インドのソフトウェアベンダーに対して請負発注をするのではなく，自社のオフィスをインドにもち，(比較的安価な)インドの技術者を自社従業員として雇用する方法です．米国西海岸では多数のインド人ソフトウェア技術者が活躍しており，多くの優秀な技術者が母国に戻って仕事をしたいと考えています．これらの，米国でのソフトウェア開発を熟知した技術者がインドに戻って開発の中心になるようなイメージです．IBM 社などでは，全世界でもっとも従業員が多いのはインドであり，パッケージ製品などの開発はインドが主体になっています．

　どちらのパターンでも，日本国内のソフトウェアベンダーに対するソフトウェア外注とは大きく異なるということを認識しておいたほうがよいでしょう．なお，インドにあるソフトウェアオフィスは，「ここは国防省か？」と思うほど，物理的なセキュリティが厳重だったのも印象的でした．

■付録の参考文献

［1］　Henry J. Lindborg 著，今井義男訳(2003)：『CFT クロス・ファンクショナル・チームの基礎』，日本規格協会．

［2］　IIBA 日本支部 BABOK v3 翻訳プロジェクト(清水千博監修，溝口真理子，依田光江，渡部洋子訳)(2015)：『ビジネスアナリシス知識体系ガイド(BABOK ガイド) Version 3.0，IIBA 日本支部．

索　引

索　引

[著者紹介]

居 駒 幹 夫（いこま　みきお）

現　　職　青山学院大学　社会情報学部　学部特任教授　博士(情報学)，はこだて未来大学客員
　　　　　教授，東京大学　工学系研究科　非常勤講師
経　　歴　㈱日立製作所入社後，ソフトウェア工場，ソフトウェア事業部などで大規模ソフト
　　　　　ウェア製品の品質保証，大規模システムのシステムテスト，ソフトウェア生産技術，
　　　　　プロセス改善，アジャイル開発での組織的な環境構築支援／品質保証方式策定など
　　　　　を担当．2018 年日立製作所を退社．青山学院大学に任用され教育および社会人向
　　　　　けの教育プログラム ADPISA の立ち上げに従事．
著　　書　『ソフトウェア開発入門：シミュレーションソフト設計理論からプロジェクト管理
　　　　　まで』(共著，東京大学出版会，2014)，『ソフトウェア開発実践：科学技術シミュ
　　　　　レーションソフトの設計』(共著，東京大学出版会，2015)，『ソフトウェア品質保証
　　　　　の基本』(共著，日科技連出版社，2018)

梯　　雅 人（かけはし　まさと）

現　　職　㈱日立製作所　システム＆サービスビジネス統轄本部　制御プラットフォーム品質保
　　　　　証本部　本部長
経　　歴　入社後，ソフトウェア工場(ソフトウェア事業部)でオペレーティングシステムやミ
　　　　　ドルウエア等のソフトウェア製品の品質保証を担当．製品事業部の立場で，金融系
　　　　　や公共系の基幹システムの各種開発プロジェクト対応等を推進．
　　　　　　2013 年からは，サーバー，ストレージも含めた IT プラットフォーム製品の品質
　　　　　保証を担当し，海外共同開発プロジェクトでの品質の作り込みや製品サポート対応
　　　　　を実施．
　　　　　　2017 年より，社会インフラ系の制御プラットフォーム製品の品質保証を担当(現
　　　　　職)．
著　　書　『ソフトウェア品質保証の基本』(共著，日科技連出版社，2018)

アジャイル開発の
プロジェクトマネジメントと品質マネジメント
―58のQ&Aで学ぶ―

2020年3月26日　第1刷発行
2022年10月7日　第4刷発行

検　印
省　略

著　者　居駒　幹夫

　　　　梯　　雅人

発行人　戸羽　節文

発行所　株式会社日科技連出版社

〒151-0051　東京都渋谷区千駄ヶ谷5-15-5
DSビル

電話　出版　03-5379-1244

　　　営業　03-5379-1238

Printed in Japan

印刷・製本　港北メディアサービス㈱

© Mikio Ikoma, Masato Kakehashi 2020
ISBN 978-4-8171-9695-8
URL https://www.juse-p.co.jp/